ますます!!!!!!

シャム猫あずきさんは世界の中心

のべ子

Nobeko

はじめに

こんにちは もしくははじめまして！ この本の作者 のべ子です SNSに愛猫のまんがを あげている暇人です
インターネット お絵描き人 のべ子
この本は『シャム猫あずきさんは世界の中心』シリーズ6冊目となります！ うれしい！
世界一 かわいいねこ あずきさん
ちゅ～～
6巻はあずきさん かわいいエピソード 詰め合わせとなってます
※ちなみに 1～5巻まで 全部そうです
それでは はじまり ま～～～す！
?

人物紹介

あずきさん

世界一かわいいシャム柄の女の子
11歳でもどんどん元気
飼い主のものは全部あずきさんのもの
あずきさんのものはあんまり使わない

蹴ってよし・噛んでよし・枕にしてよし

のべ子

作者 あずきさんと毎日
イチャイチャして過ごす

母

あずきさんと仲良し
おやつガードが甘い

姉

あずきさんが好き
覚えられてるか不安

もくじ

シャム猫
あずきさんは
世界の中心
福

（第1章）
癒しのあずきさん

あずきさんの
朝は飼い主を
起こすことから
始まる
ニャーーイ!!
この〜っ
ギュムムー〜ッ
うん…
起きたいん
だけどね
目なんだわ
そこは
目を全力で
押さえられたら
起きれないんだわ
あさごはん
おそい
ンプー!
あずきさんの
せいだよお
アトがついた

あずきさんはよく
すれ違いざまに
飼い主を舐めていく
ぺろんちょ
ひゃいん
びっくり
なんなの〜？
何事もなかった
かのように
毛づくろい
ぺろ
ぺろ
うれしい
猫が飼い主と自分を
交互に舐めるのは
大好きな匂いを
混ぜるためです
※諸説あり
おどろき
超
うれしい!!
？

飼い主と背もたれの間に挟まるのが好きなあずきさん
仕事しにくいことこの上なし
スー
プルプル
あ〜〜〜肩こった
ぐわ〜
ぎゅっ
なので結構な頻度でこのような事故が起きる
あっごめんあずきさん挟んじゃった!
ギュムム
ちょっと怒ってる
もうどきな?
が…
なぜかあずきさんは意地でもどかない

あずきさんが
イスのキャスターを
枕にするのに
ハマってしまい
お絵描きがとても
つらいの図

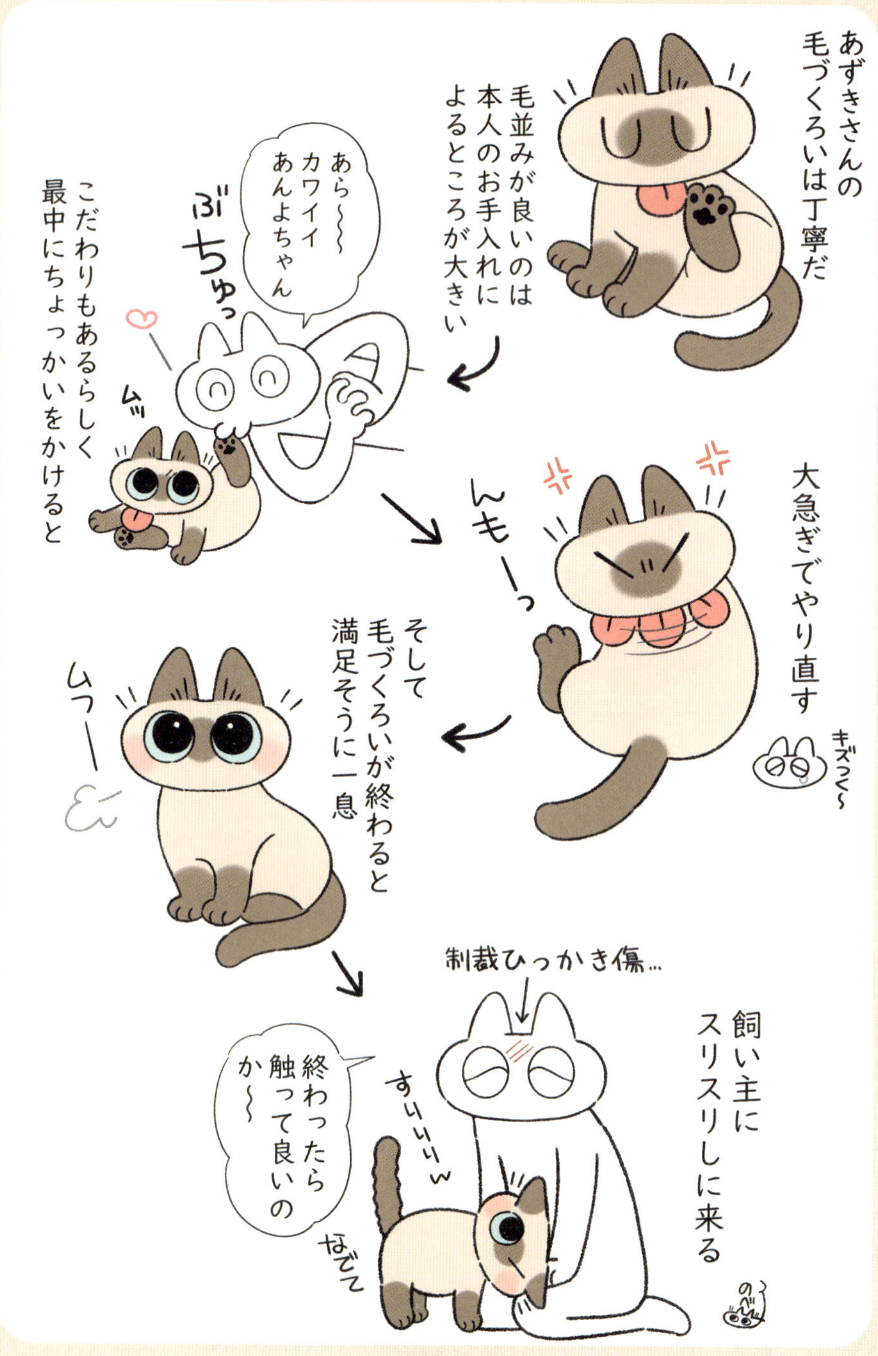

あずきさんの毛づくろいは丁寧だ
毛並みが良いのは本人のお手入れによるところが大きい
あら〜〜 カワイイ あんよちゃん
ぶちゅっ
ムッ
こだわりもあるらしく最中にちょっかいをかけると
大急ぎでやり直す
んもーっ
キズつく〜
そして毛づくろいが終わると満足そうに一息
ムフーー
制裁ひっかき傷…
飼い主にスリスリしに来る
すいいいい〜
終わったら触って良いのか〜
なでて

あずきさんのおしりと向き合っている
テッテレーー
なんて贅沢な時間なんだ
みみ…
モフ
んん〜この深い尻毛…たまらん〜
モフ
モフ
この姿
誰にも見せられないな…
のべ

寝るよ
おいで～
スポ
ねるーっ

もう一歩
前に行けん？
いいけど…
プリ
おしり

ん？

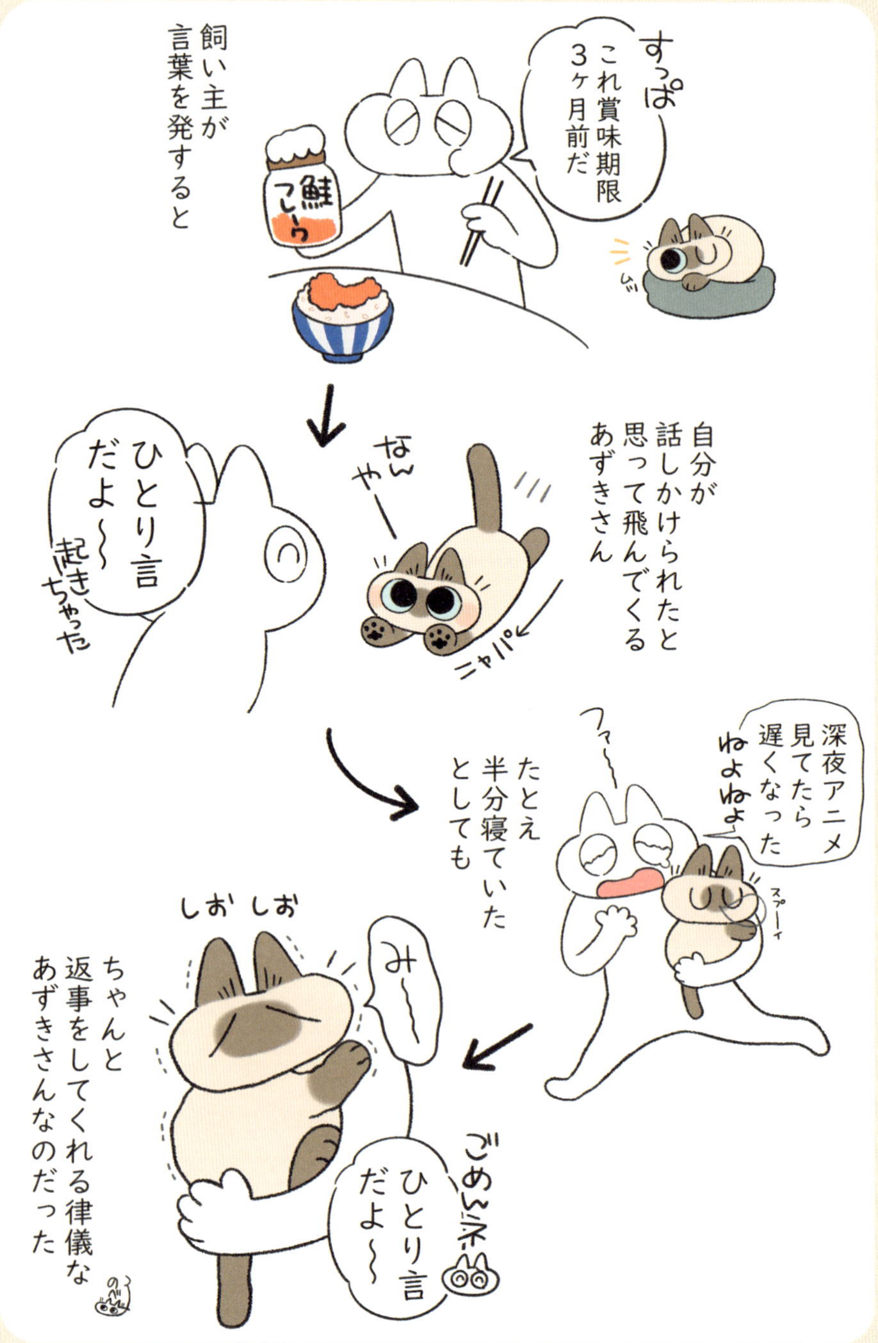
飼い主が
言葉を発すると
すっぱ
これ賞味期限
3ヶ月前だ
鮭フレーク
びッ
自分が
話しかけられたと
思って飛んでくる
あずきさん
なん
やー
ニャパ
ひとり言
だよ～
起きちゃった
たとえ
半分寝ていた
としても
深夜アニメ
見てたら
遅くなった
ねよねよ
ファ～
スプーィ
しおしお
み～
ちゃんと
返事をしてくれる律儀な
あずきさんなのだった
ごめんネ
ひとり言
だよ～
のべ～

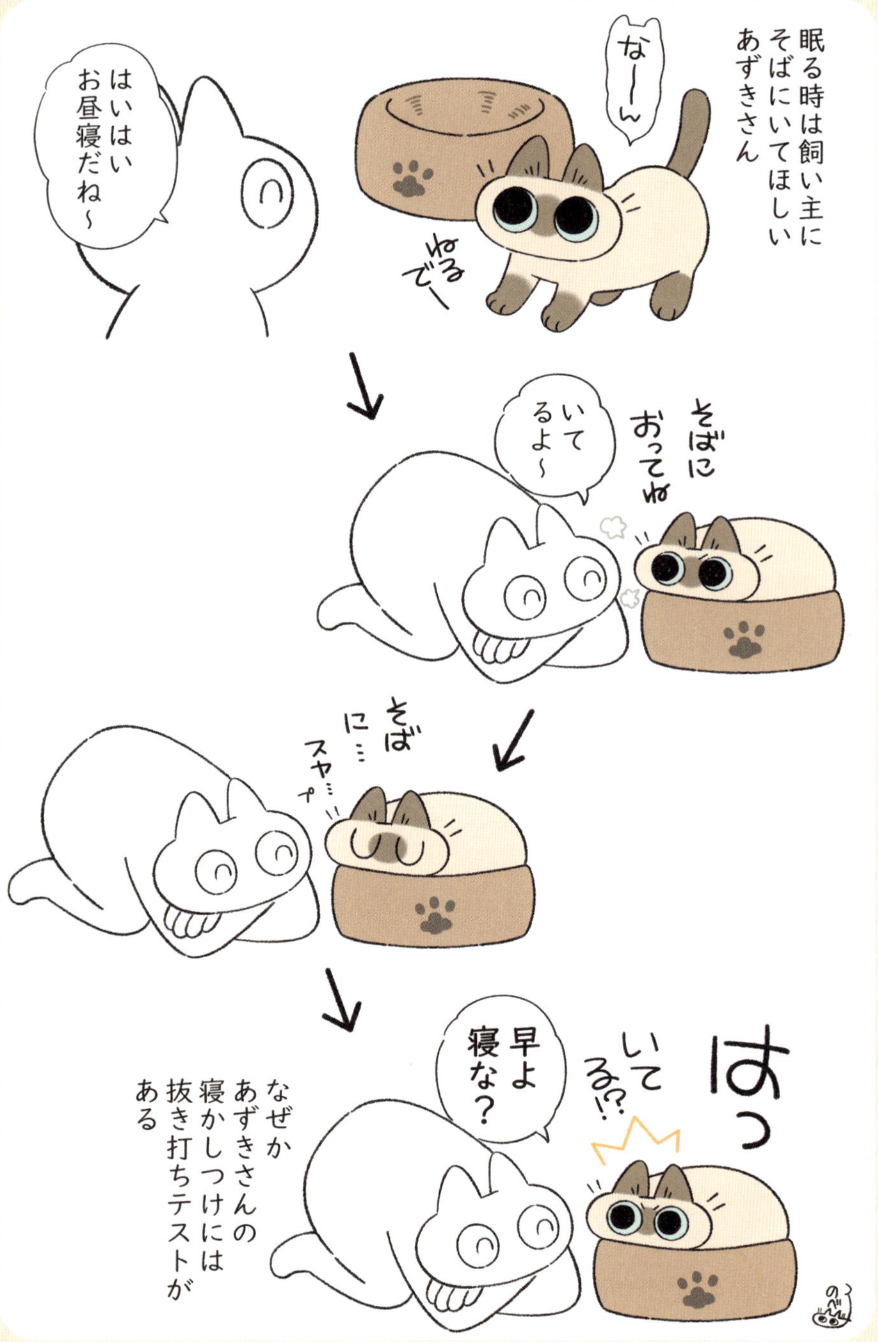
眠る時は飼い主にそばにいてほしいあずきさん
な〜〜ん
ねるで〜
はいはいお昼寝だね〜
そばにおってね
いてるよ〜
そばに…
スヤ…ァ
はっ
いてる!?
早よ寝な?
なぜかあずきさんの寝かしつけには抜き打ちテストがある

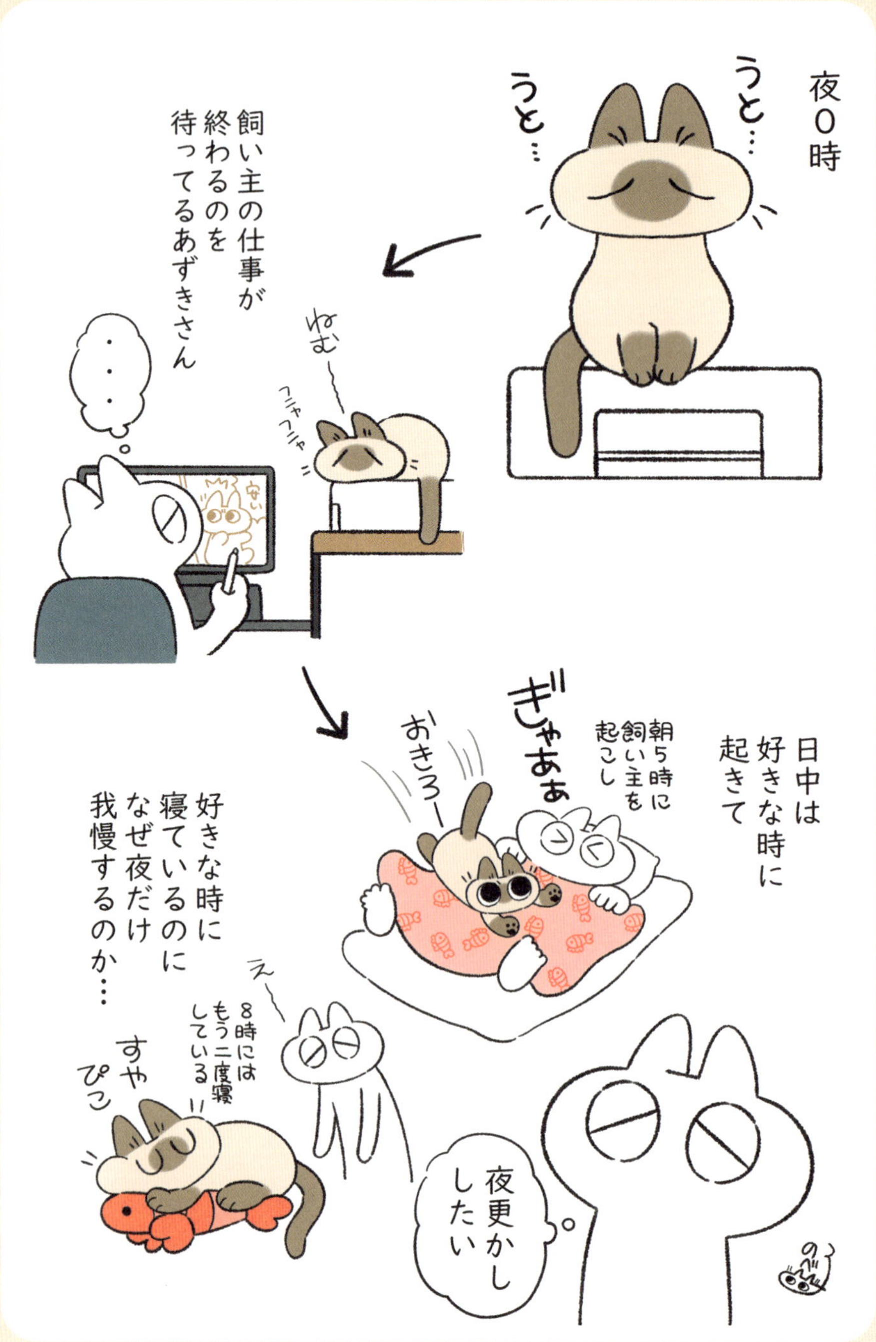
夜0時
うと…
うと…
飼い主の仕事が終わるのを待ってるあずきさん
ねむ〜
フニャフニャ
・・・・
日中は好きな時に起きて
朝5時に飼い主を起こし
ぎゃあぁ
おきろー
好きな時に寝ているのになぜ夜だけ我慢するのか…
8時にはもう二度寝している
すやぴこ
え〜
夜更かししたい

箱が来たら入る

必殺かわいい顔3連発★1

必殺かわいい顔3連発★2

必殺かわいい顔3連発★3

イスが定位置

伸びたあと

あずきさんフォトギャラリー 1

すん…

癒しのあずきさん

かわいい顔してるけど何も考えてない

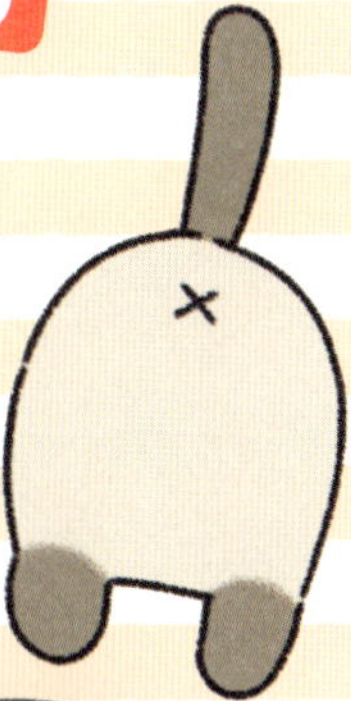

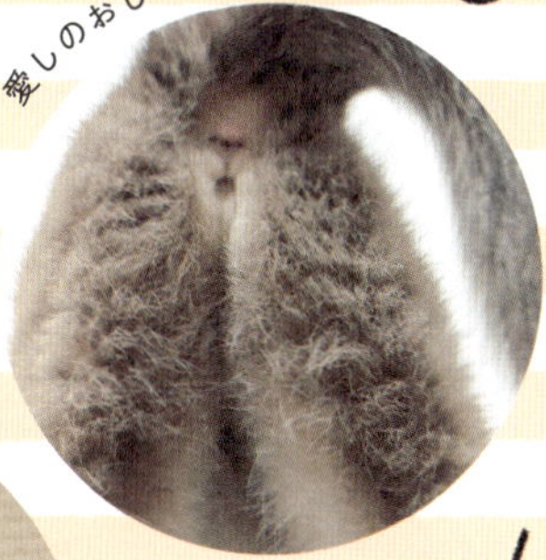

愛しのおしり

ニャー顔

ちょっとドヤ顔

何か発見

シャム猫あずきさんは世界に羽ばたく①

このページでは日本を飛び出して中国で展開された
あずきさんのイラストを紹介していきます。

Illustration gallery in China
By Guangzhou Tianwen Kadokawa Animation & Comics Co.,Ltd.

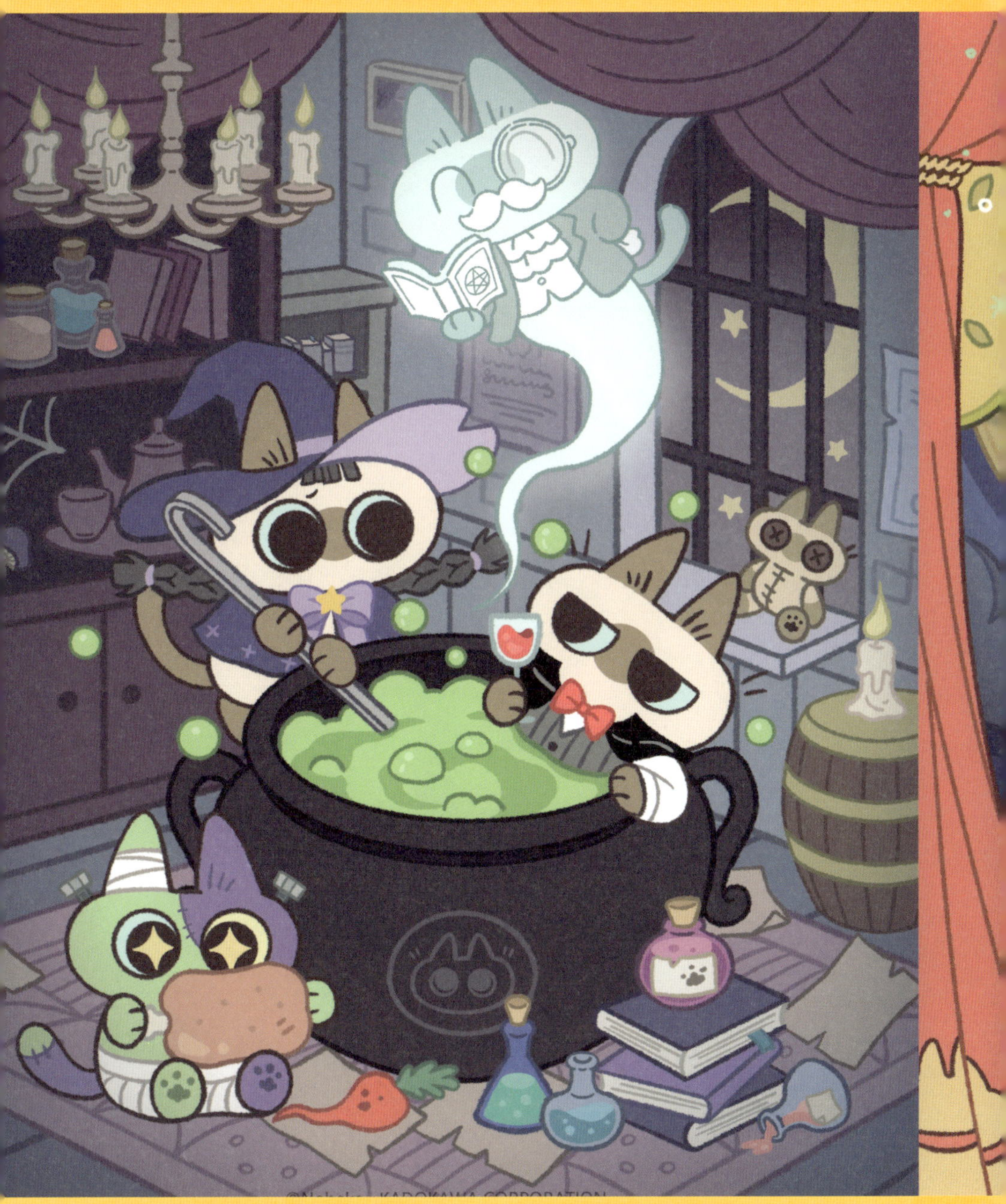

MAGICAL
AZUKISAN

Illustration gallery in China
By Guangzhou Tianwen Kadokawa Animation & Comics Co.,Ltd.

シャム猫
あずきさんは
世界の中心

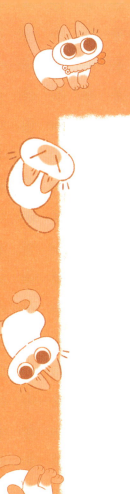

（第2章）遊ぶあずきさん

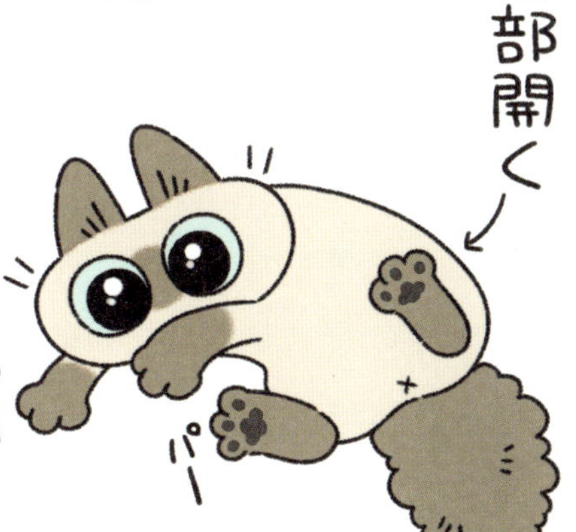

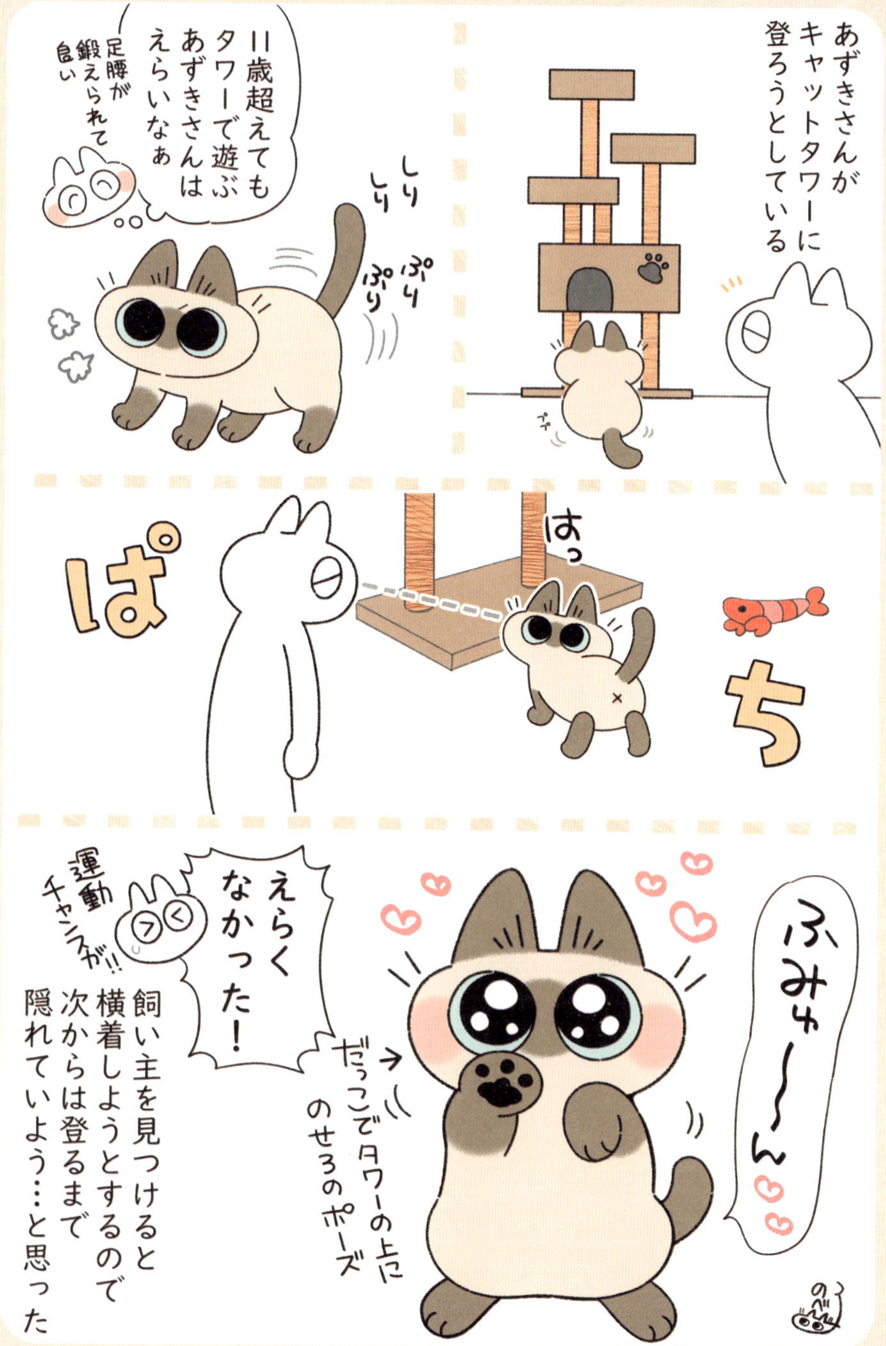

あずきさんがキャットタワーに登ろうとしている
ぺぺ
しりしり
ぷりぷり
11歳超えてもタワーで遊ぶあずきさんはえらいなぁ
足腰が鍛えられて良い
はっ
ぱ
ち
ふみゃ〜〜ん
だっこでタワーの上にのせろのポーズ
えらくなかった!
運動チャンスが!!
飼い主を見つけると横着しようとするので次からは登るまで隠れていよう…と思った
のべ

さて！
今日は忙しいぞ
まず郵便局に行って
市役所行って
牛乳パック出して
排水口のネット買って…
あれやして
これやして
なん！
あそんで
あら〜〜
カワイイちゃんがいるね〜
んちゅ〜
あそんでってば
んちゅ〜
ちゅちゅ
スーーッ
(吸)
うざぃ〜
はて…
今日は何をするんだったか…

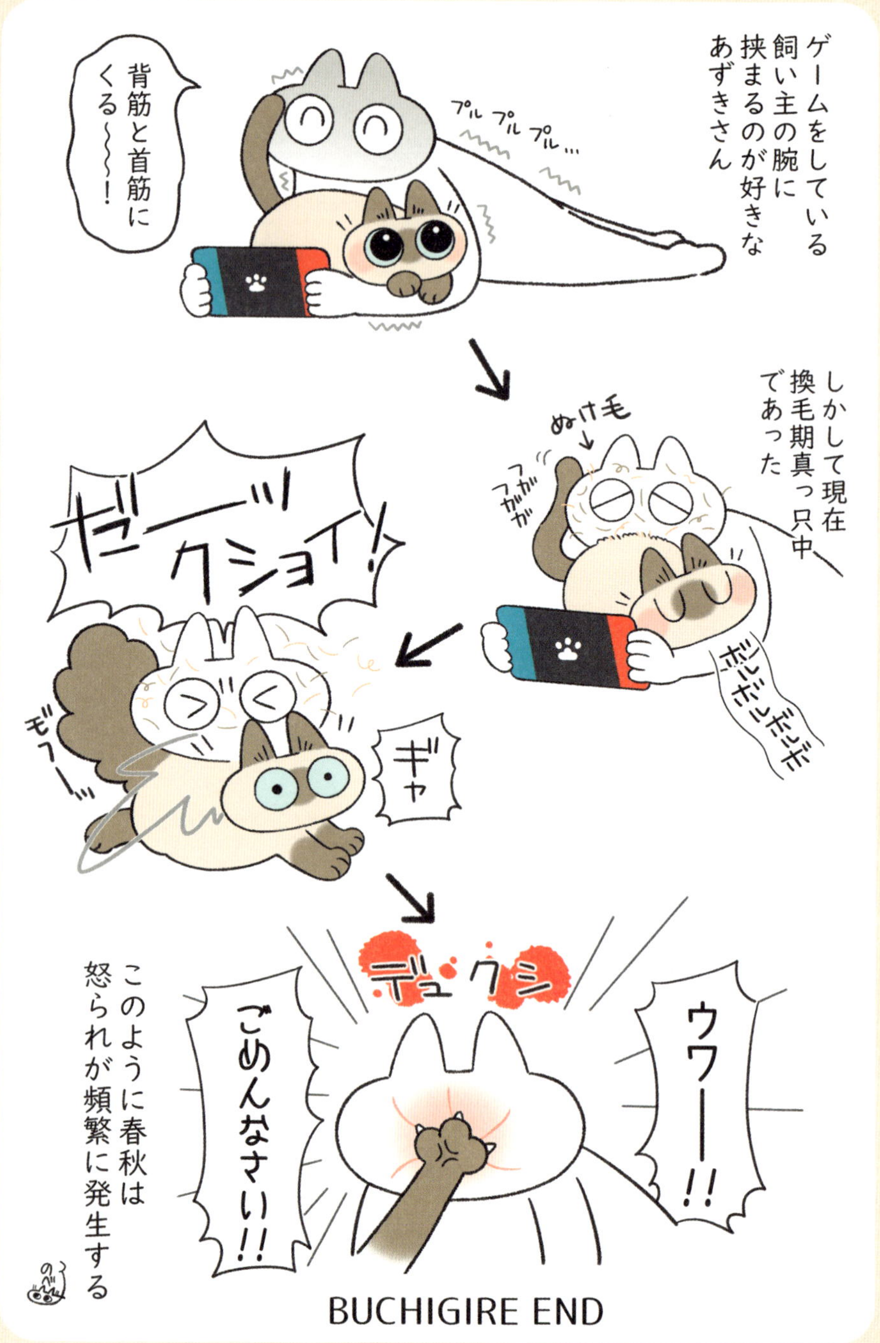
ゲームをしている飼い主の腕に挟まるのが好きなあずきさん
プルプルプル…
背筋と首筋にくる〜〜〜!
しかして現在換毛期真っ只中であった
ぬけ毛
フガフガ
ボルボルボルボ
ゼーーッ クショイ!
ギャ
モフーッ
デュクシ
ウワーー!!
ごめんなさい!!
このように春秋は怒られが頻繁に発生する
BUCHIGIRE END

買い物は
あずきさんが寝てる間に
行くようにしている
寝とる
みまもり カメラ
スヤピっ
起きている時に
行くとボコボコに
されるからだ
愛は痛みを
伴うもの
いくなー
ウオー
がじじ
ただいマイラブ！
帰宅
ムッ
ぱちっこり
ニャーイ！
さみしかった！
寝癖
ついてるゾ
大抵いつもバレて
怒られるのだが…

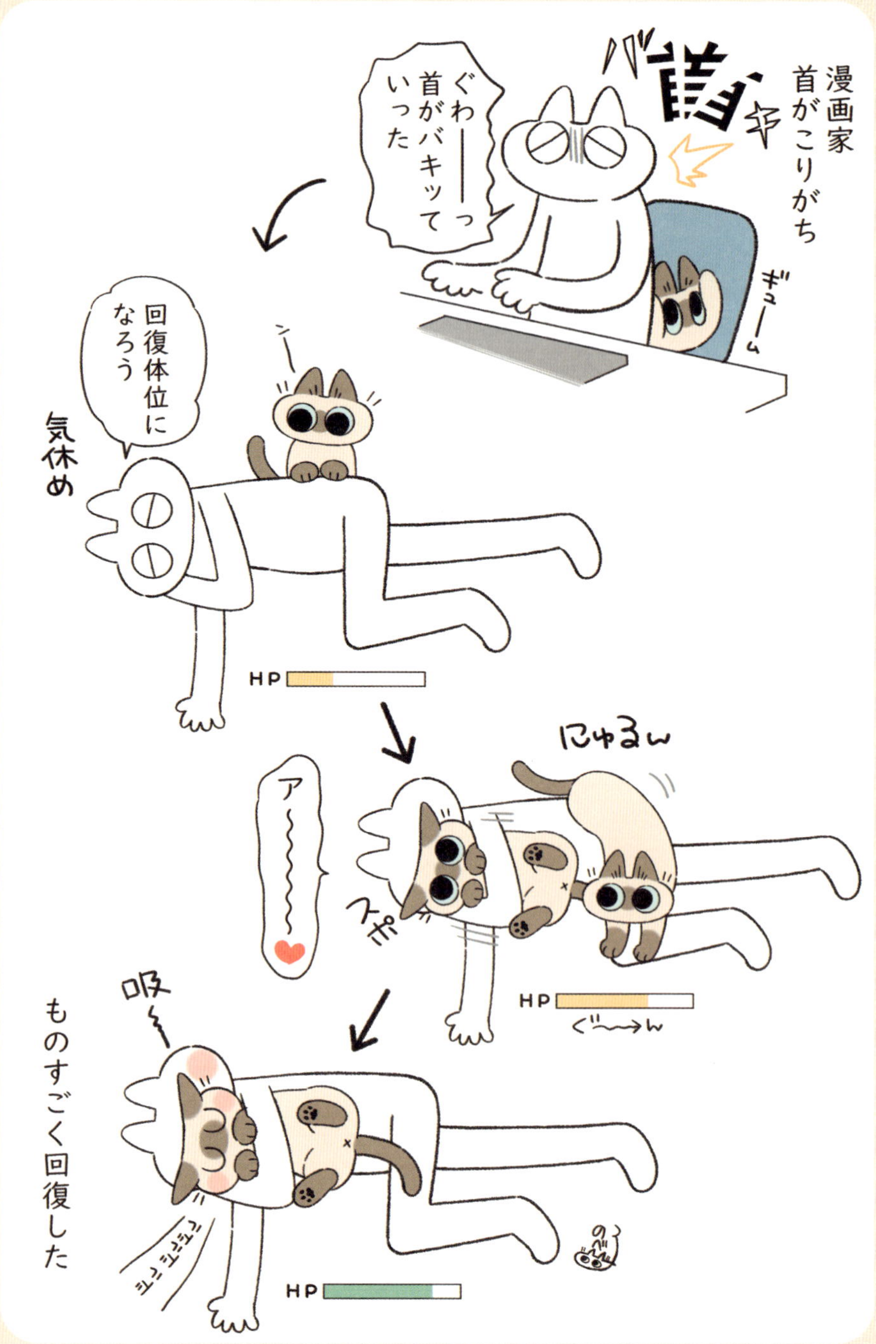
漫画家
首がこりがち
ぐわ――っ
首がバキッて
いった
ギューム
回復体位に
なろう
気休め
HP
にゅるん
ア〜〜〜〜〜♥
スポ
HP
ぐ〜〜ん
吸〜
ものすごく回復した
HP

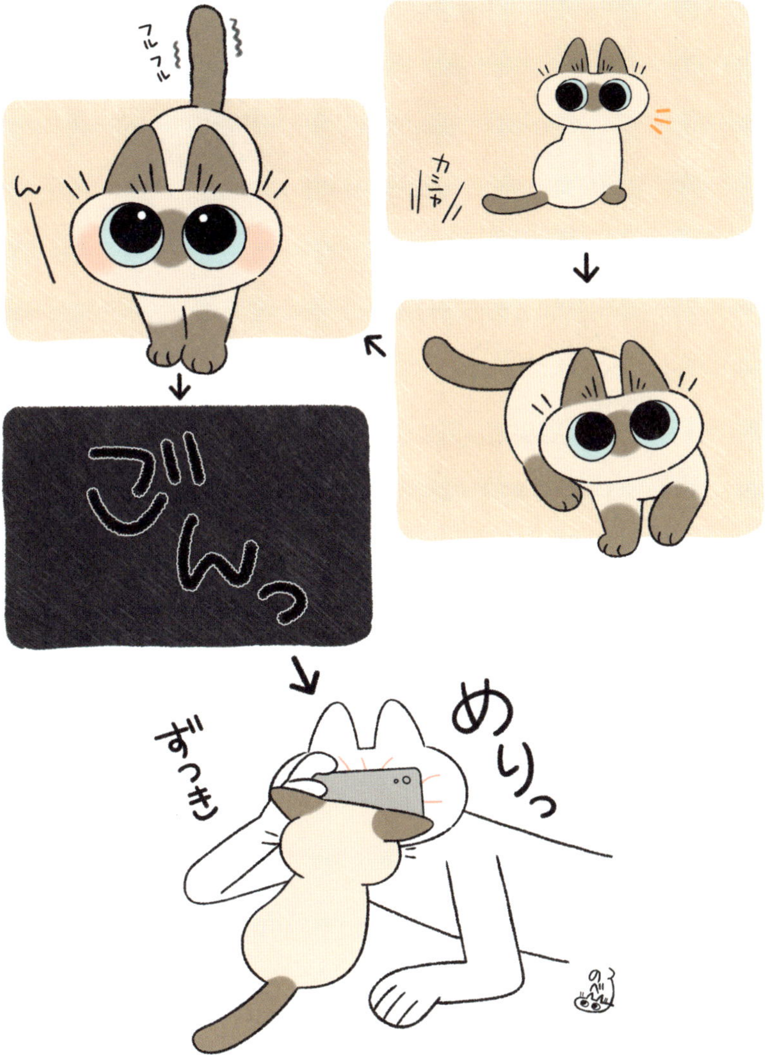
カシャ
ん〜
フルフル
ごんっ
ずつき
めりっ

おもしろギャグ
思いついた！
爆笑かっさらっ
ちゃお
Oh…
フォロワー推移
オアーーッ
カチャ
ッタ
ーン
のべ子 @
6千
6万
↑あずきさんの投稿
ちょっとフクザツ
?

あずきさんを動物病院に
連れていく時は
万が一に備え
エアタグ付きの
首輪をしている
ム〜〜〜ッ
アイフォンで探せる
ふきげんしっぽ
赤い色
超似合ってる〜
キュンです
さっキャリーと
洗濯ネット
取ってくるね
ぷぷんすこ
ぬお〜
こんなもの
お待たせ〜…って
あ! また抜けてる
ガーン
スッキリ
しかしあずきさんは
首輪抜けの名人なので
いまだ合う首輪を
探し続けている

職業柄
オンライン会議を
よくする
もちろん毎度のように
あずきさんに
ジャマされるのだが…
かまえーっ
おわ〜〜〜
ボニャール※
ニュン
※ピエール・ボナール
《白い猫》1894年
わぁ!
漫画と一緒
ですね〜!
わ———!
いいの…?
なぜか結構
喜ばれる
あそんでよっ

飼い主歯磨き中
シャコシャコ
な〜〜〜
ドラム式
ん〜なあに？鼻チューかな？
ふんふふんふんふ
ヘブン!!
ごんち！
※頭突きは猫の愛情表現
あっぷね〜〜〜喉に歯ブラシが刺さって変死体になるところだった
ズキ
ズキ
頬に刺さった
ボルボルボル
あずきさんの愛情でうっかり死にかけた

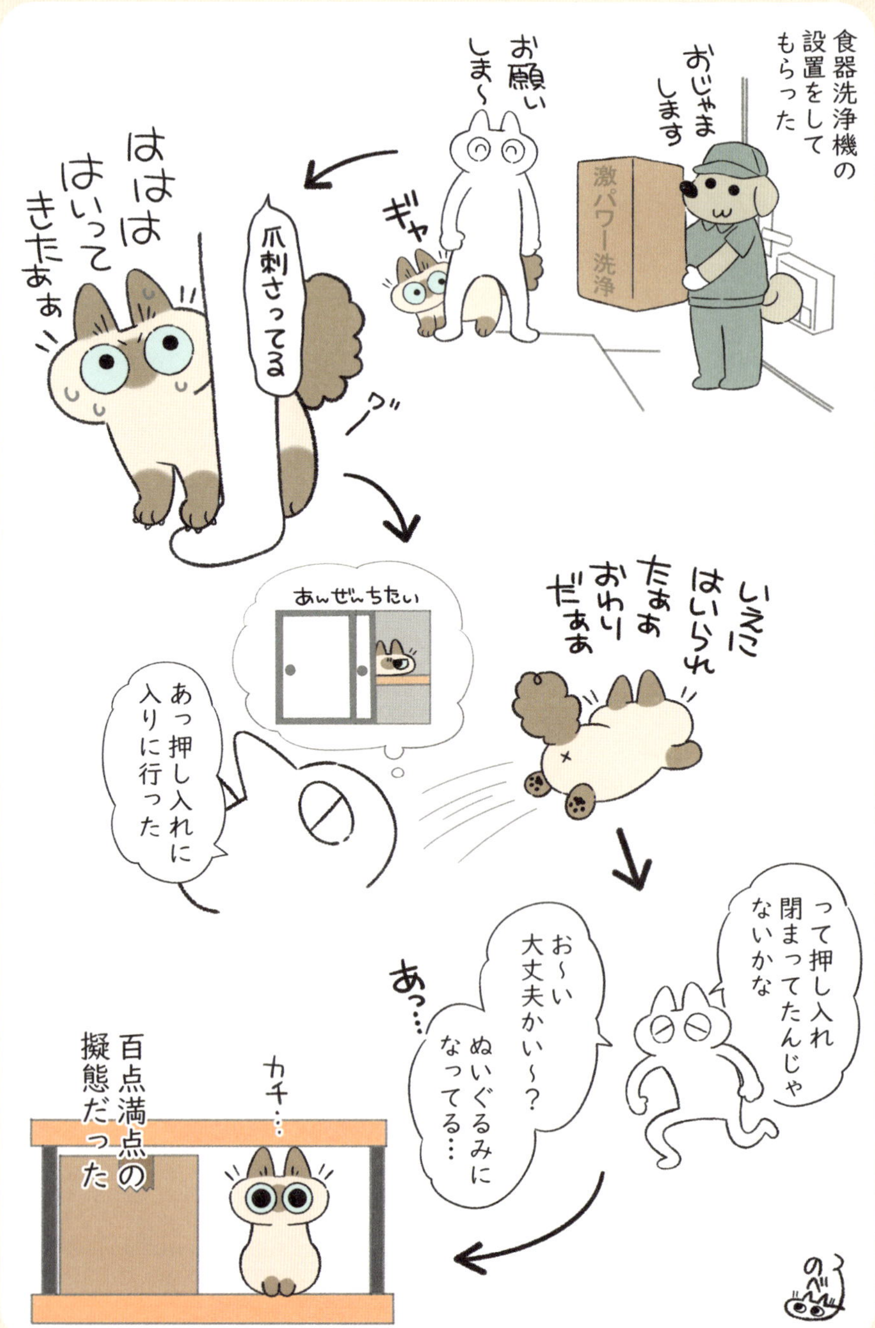
食器洗浄機の設置をしてもらった
おじゃまします
激パワー洗浄
お願いしま～
ギャ
ははは
はいってきたぁぁ
爪刺さってる
ワ゛
いえにはいられたぁぁ
おわりだぁぁ
あんぜんちたい
あっ押し入れに入りに行った
って押し入れ閉まってたんじゃないかな
お～い大丈夫かい～?
あっ…
ぬいぐるみになってる…
百点満点の擬態だった
カチ…
のべる

カチ…

お気に入りのエビ

おもちゃまくら

紙袋大好き

遊ぶ
あずきさん

しつわぐにはちょっと狭そう

つめとぎサークルお気に入り

あずきさん フォトギャラリー 2

ひょこ

しっぽがかわいい

ちょっとイカ耳

何か発見

これは遊ぶとこ見てての顔

シャム猫あずきさんは世界に羽ばたく②

このページでは日本を飛び出して中国で展開された
あずきさんのイラストを紹介していきます。

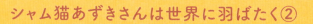

Illustration gallery in China
By Guangzhou Tianwen Kadokawa Animation & Comics Co.,Ltd.

AZUKISAN
VALLEY
POST
RICE

ここはのんびり
あずきさん谷
猫たちが皆で農業を営み暮らしています
すやぴ
すぴぴ
ぽか…
誰も働かねぇや
ブヒ
営めているかどうかは謎です
スピャーー
ぽか…

シャム猫あずきさんは世界の中心

第3章 お世話されるあずきさん

あずきさんには一日数回撫でられタイムがある
満足するまで頭を撫で続けるそれだけ
ヨチヨチ
一回30分から1時間くらい撫でさせられるので結構指がつらかったりするのだが…
ホエー!…
もういいかい〜
爆音のゴロゴロ音とすごく幸せそうな顔をするので何回でも何時間でも撫で続けてしまうのだった
ゴロゴロゴロ
ほんといい顔するなぁ〜

カモーン
あずきさんの目の前でしゃがむと
ん〜〜
鼻チューしようと伸びる
そこですかさず!!
がっし!
ギャ
目薬
この作戦を使うととても簡単に目薬がさせる
ギャ〜
しばらく寄ってこなくなるが
だましたな
時間が経つと忘れて鼻チューしちゃうあずきさんなのだった
Wチュ〜
たまにはふつうにチューする嫌われたくないので…

最近のあずきさんうんち事情
ヒャーー
プリティ
プリン
ボンボン
拭いたげるからおしり出しな
ささ
むっ
あずきさんも大人になりおしりを拭かれるのはプライドが許さなくなったようだ
ンプ!
ヤ!
ヤか〜〜〜
まったくもーっ
おちゃんこ
Oh… No…
でも自分で舐める前に座ってしまうので飼い主としては拭かせてほしいのだった
のべ

※うんちついてる

飼い主の作業机には
仕事中あずきさんと
快適な距離感を保つために
卓上棚を設置している
設置する前
目と目が合うぅ〜
ジャーン
猫の好む高い所に
段ボールが置ける
いつでも目と目を
合わせられる等
いい事ずくめだ
エ゛ーーー!!
ヱ゛〜〜〜
わぁ
頭上から毛玉が
降ってくる以外は
ちなみに
寝かしつけ
プルルル
腕がつらい

ただいマイラブ!
ヤイ!ヤイヤイヤー―!
何をヤイヤイ言うとるか
ニャバ――ッ
ヤーン
うめうめ
ん――
くさい
ム〜〜ン
あらまうんちのキレが悪かったの
はい新しいお昼寝毛布
さっ
ん〜〜
ゴoooo
ふみふみ
猫と暮らして早10年…
リビングにうんちが落ちているくらいでは動揺しなくなりました
昔
うんこだ!
ヒェ〜
ひとりでできてえらいっ
ヨチヨチ
ザブザブ

猫は身の危険を感じた時
高い所に登りたがる
くんなー
ニョ。
登ってくる相手を
はたき落とす方が
戦いに有利だからだ
なので
あらあら〜
獣医のセンセイ→
今日は洗濯ネットに入れてこなかったんですか
ヒャアアア
いやぁ見つからなくって…
爪めっちゃ出てる
病院では
あずきさんは
飼い主に登る
ズタボロに
なりながら飼い主は
洗濯ネットのスペアの
用意と
こわかったー〜
ヒャー〜
ズタボロ。
コレ→
もしもの時のために
コアラが診察時に掴まる
木の購入を考えていた

寒い時期のお風呂はあずきさんが寝てる間にこっそり入るようにしてる
コソ
コソ
蓋の上に乗られて強制長風呂我慢大会になるからだ
ヒィ〜〜
シャンプーがない！
サービスショット
スカー
ストックあったかな
がちゃ
んー…
今普通にいたな…
ぱたん
やんや
熟睡している時を狙って入るのに結構な頻度でバレるのはさすが猫だなと思う
のべ

その日の飼い主は疲れていた
♪
へろへろ
ウッ突然襲いくる猛烈な睡魔…！
まだお風呂入ってないし歯も磨いてない
お皿も洗ってないのに…眠気に抗え…な
BAD END
スヤァ…
カヘッ カヘッ
吐く前の音
カッ
あずきさん!?
ばっ
猫下僕あるある
猫の吐く前の音でどんなに眠くても一瞬で覚醒できる

MANIATTA END

しっぽはイヤ

あずきさんなでなでマップ
なでて!
しっぽはイヤ

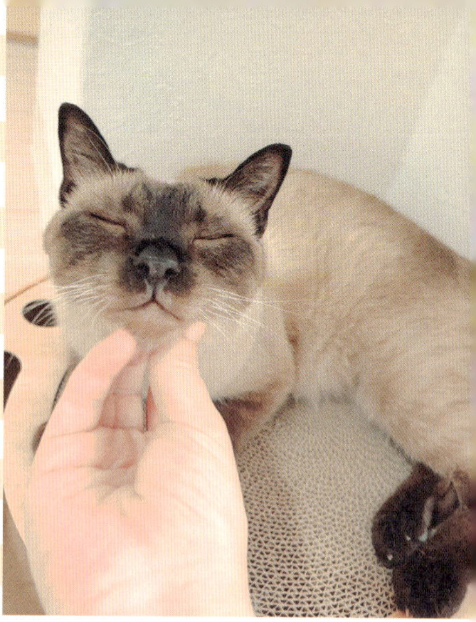

顎撫でられるの好きすぎ

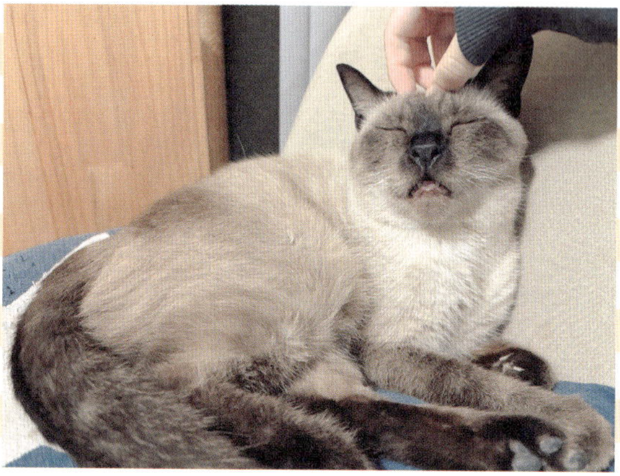

おでこも好き

あずきさん フォトギャラリー ③

お耳わしゃわしゃ

お世話される
あずきさん

お水飲んだ

舌長いね

お風呂場は好き

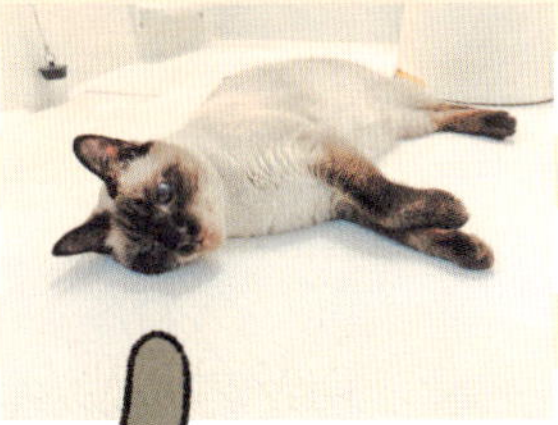

目が青くてきれい

猫草食べ放題

シャム猫あずきさんは世界に羽ばたく③

このページでは日本を飛び出して中国で展開された
あずきさんのイラストを紹介していきます。

Love Comes from Azukisan

あずきさんからの愛

Illustration gallery in China
By Guangzhou Tianwen Kadokawa Animation & Comics Co.,Ltd.

シャム猫あずきさんは世界に羽ばたく④

このページでは日本を飛び出して中国で展開された
あずきさんのイラストを紹介していきます。

AZUKISAN

フルーティあずきさん

banana

avocado

peach

Illustration gallery in China
By Guangzhou Tianwen Kadokawa
Animation & Comics Co.,Ltd.

strawberry

apple

FRUITY

melon

cherry

orange

シャム猫あずきさんは世界の中心

第4章
甘えるあずきさん

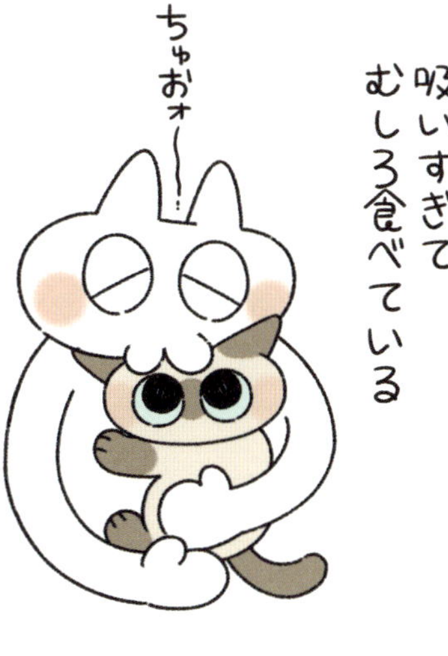

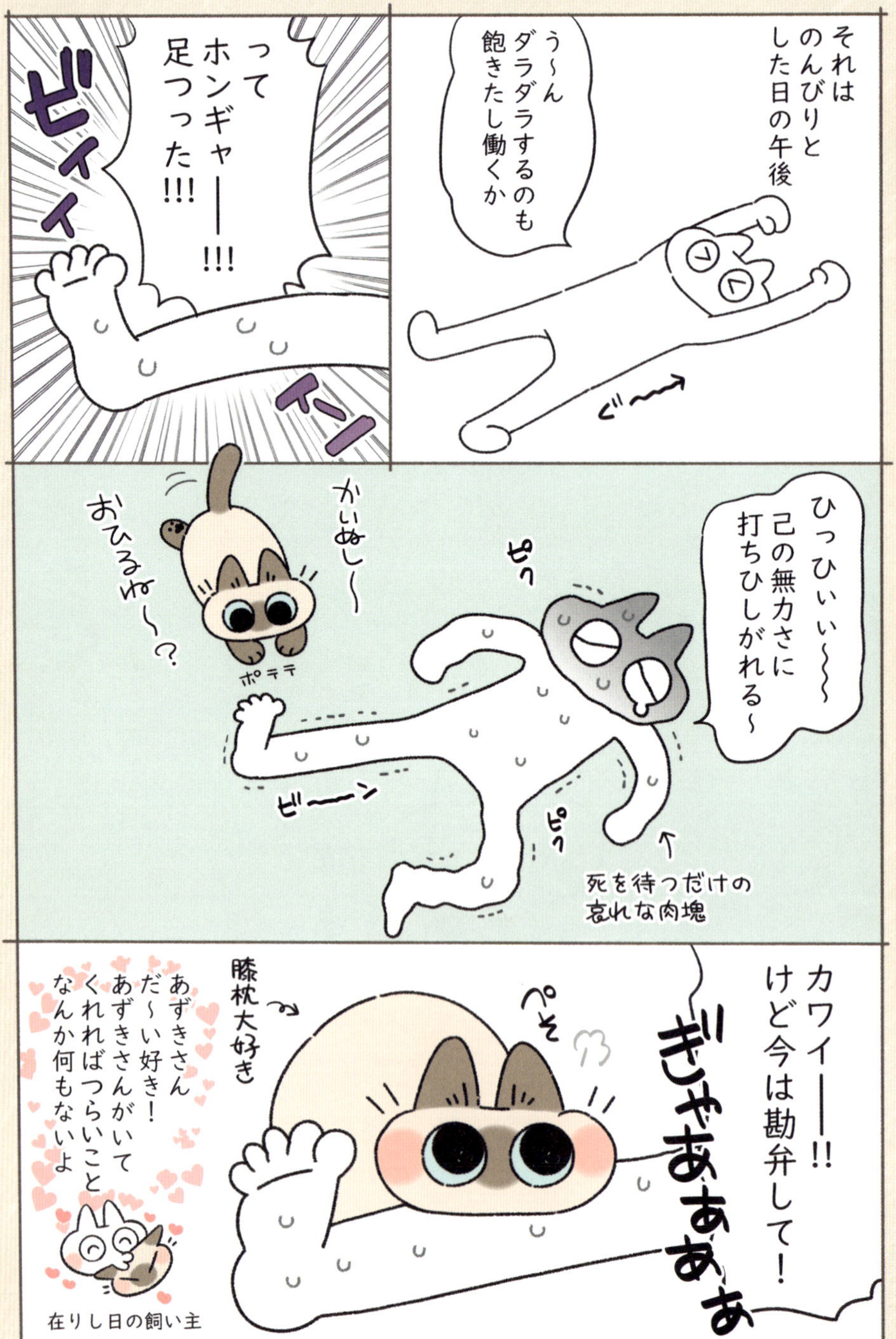
それは
のんびりと
した日の午後
う〜ん
ダラダラするのも
飽きたし働くか
ぐ〜〜
ビィィイーン
って
ホンギャーーー!!!
足つった!!!
ひっひぃぃ〜〜〜
己の無力さに
打ちひしがれる〜
ピク
ビーーン
ピク
死を待つだけの
哀れな肉塊
かいぬし〜
おひるねー〜?
ポテテ
カワイーー!!
けど今は勘弁して!
ぎゃああああ
ぺそ
膝枕大好き
あずきさん
だ〜い好き!
あずきさんがいて
くれればつらいこと
なんか何もないよ
在りし日の飼い主

体調を崩して
2週間ほど
寝込んだ
ゴロ ゴロ
ゴロゴロゴロ
めっちゃ
甘えてくる
じゃん
あそべんで
ゴメンよ〜
あずきさんの
喉の音を聞いてると
なんだか吐き気が
和らぐねぇ
ふしぎ〜
エフフ
ゴロ ゴロ
ゴロ ゴロ
ゴロ ゴロ ゴ
ゴロ ゴロゴ
ゴロ ゴロ ゴロ
ゴロゴロ
猫のゴロゴロ音による
振動には怪我を治癒する
効果があります
ね 猫に
そんな特殊能力
が…!?
マジか
ゴロ
ゴロ
ゴ…
ムッ
ねてない
またひとつ猫の偉大さを
知った飼い主だった

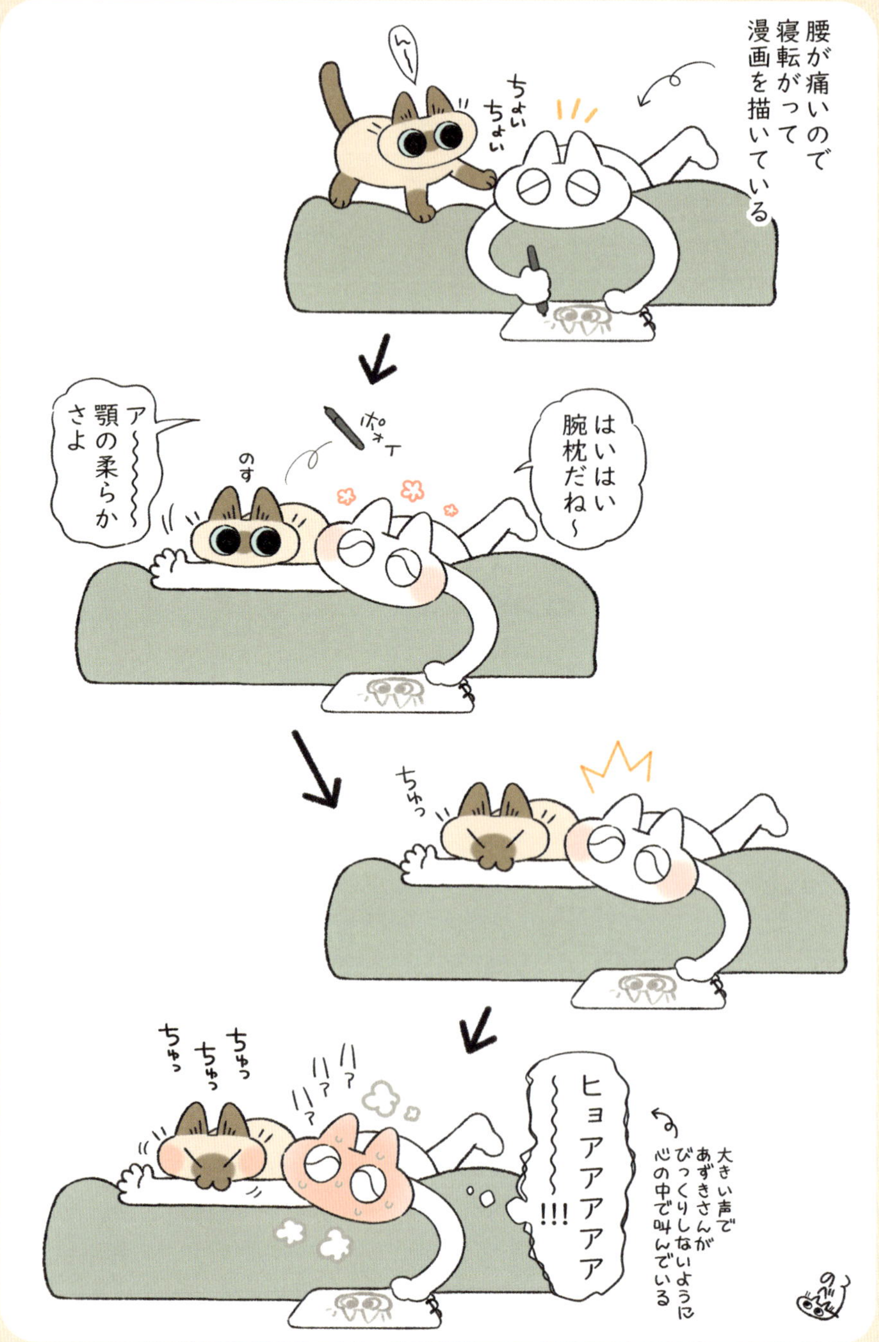
腰が痛いので
寝転がって
漫画を描いている
ん〜
ちょい
ちょい
はいはい
腕枕だね〜
ポォイ
のす
ア〜〜〜〜
顎の柔らか
さよ
ちゅっ
ちゅっ
ちゅっ
ちゅっ
ハァ
ハァ
ハァ
ヒョアアアアア〜〜〜!!!
大きい声で
あずきさんが
びっくりしないように
心の中で叫んでいる

飼い主荷物運搬中
なーんなん
だっこ！
ややっ出たな抱っこしてキャット
だっこして
この荷物直してからね
ム…
いまして！
あ〜あ〜も〜〜〜
サカカカ
こらこら！どこで覚えたそんな嫌がらせ
オリャー
ぎう〜…
ぐぐぐ
落とす落とす！
あずきさんの抱っこよりも優先されるものなどあってはならないのだ
のべ

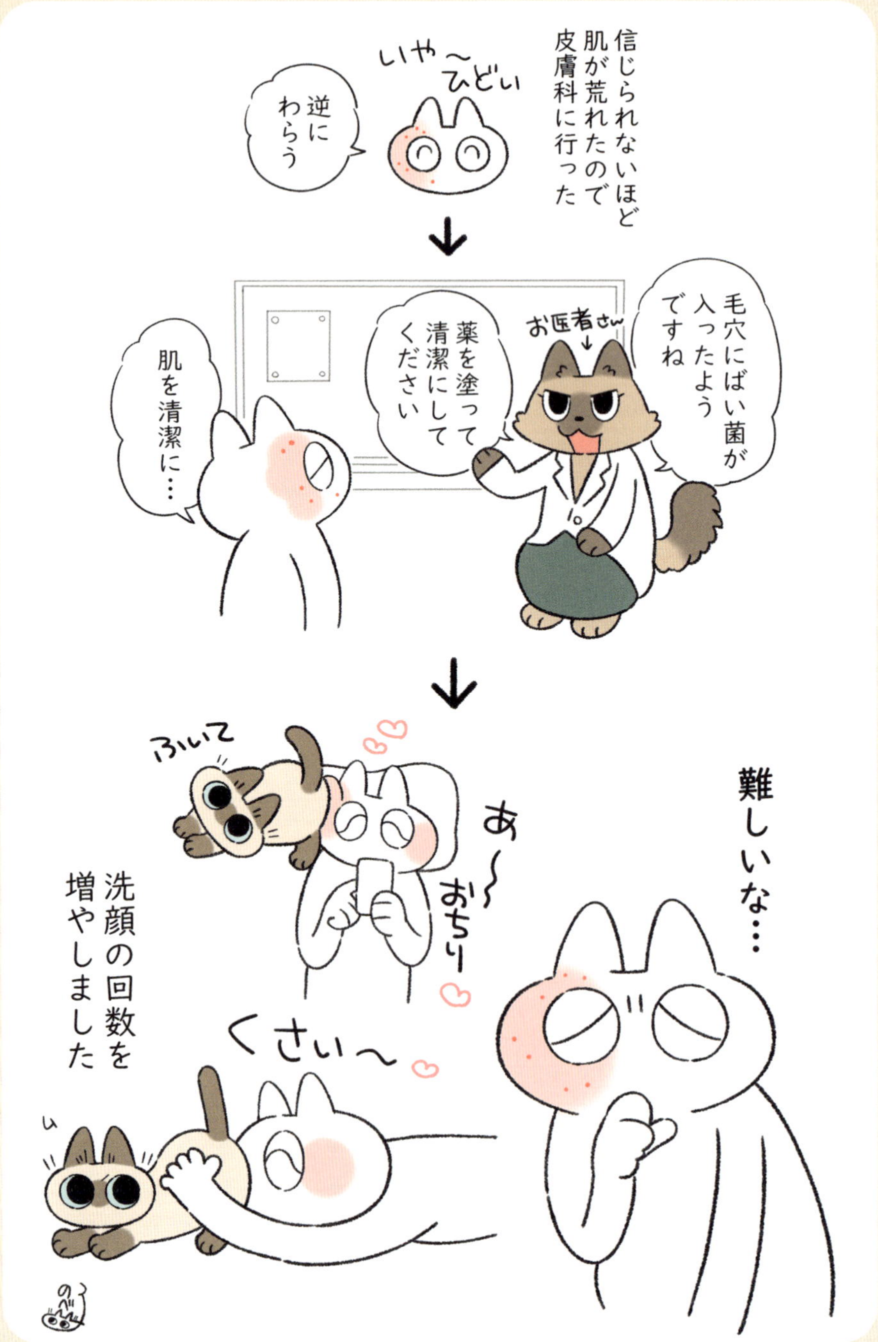
信じられないほど肌が荒れたので皮膚科に行った
いや〜ひどい
逆にわらう
毛穴にばい菌が入ったようですね
お医者さん
薬を塗って清潔にしてください
肌を清潔に…
難しいな…
洗顔の回数を増やしました
ふいて
あ〜おちり
くさい〜
い

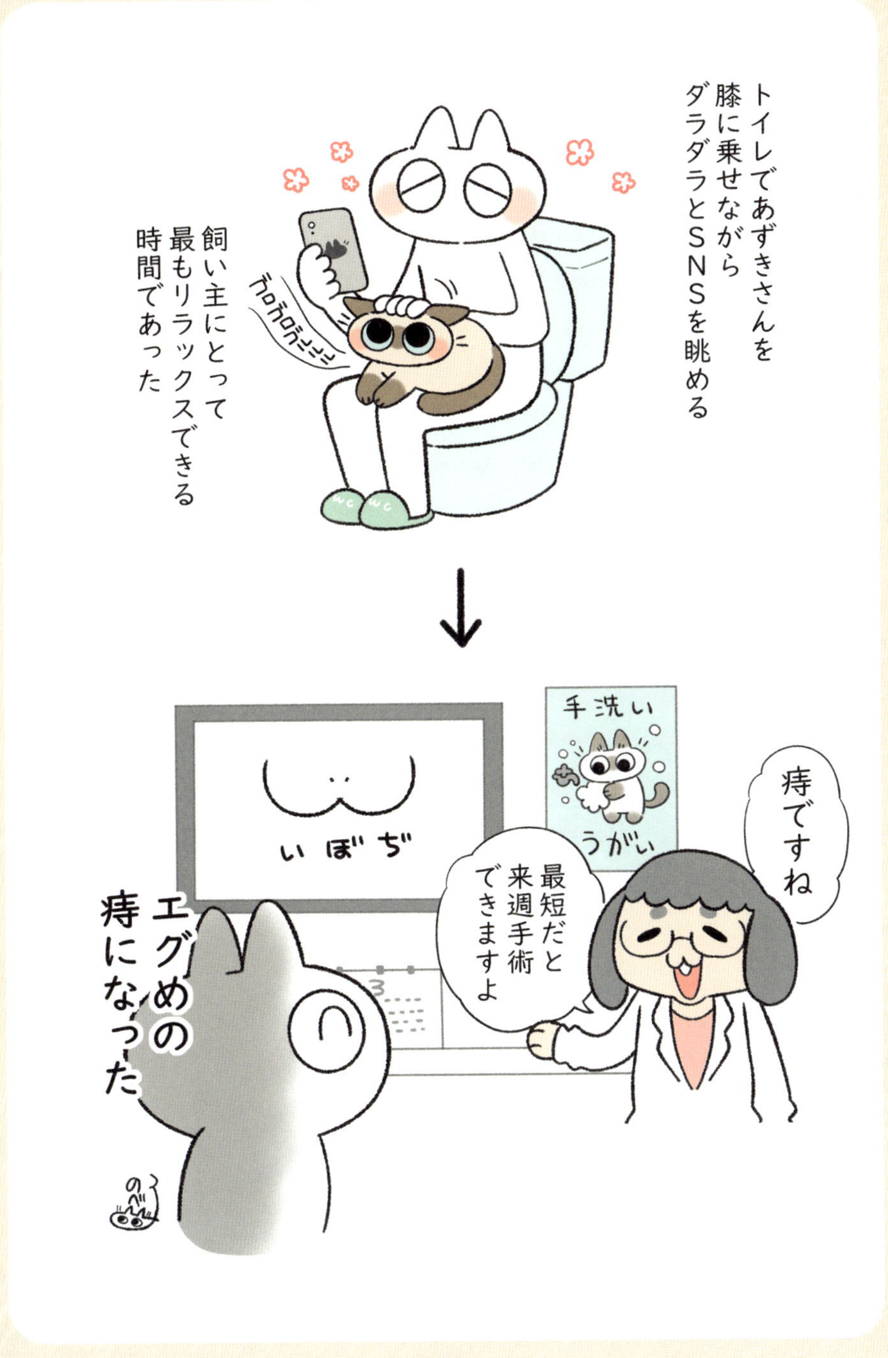

トイレであずきさんを
膝に乗せながら
ダラダラとSNSを眺める
ゴロゴロゴ
飼い主にとって
最もリラックスできる
時間であった
手洗い
うがい
いぼぢ
痔ですね
最短だと来週手術できますよ
エグめの痔になった

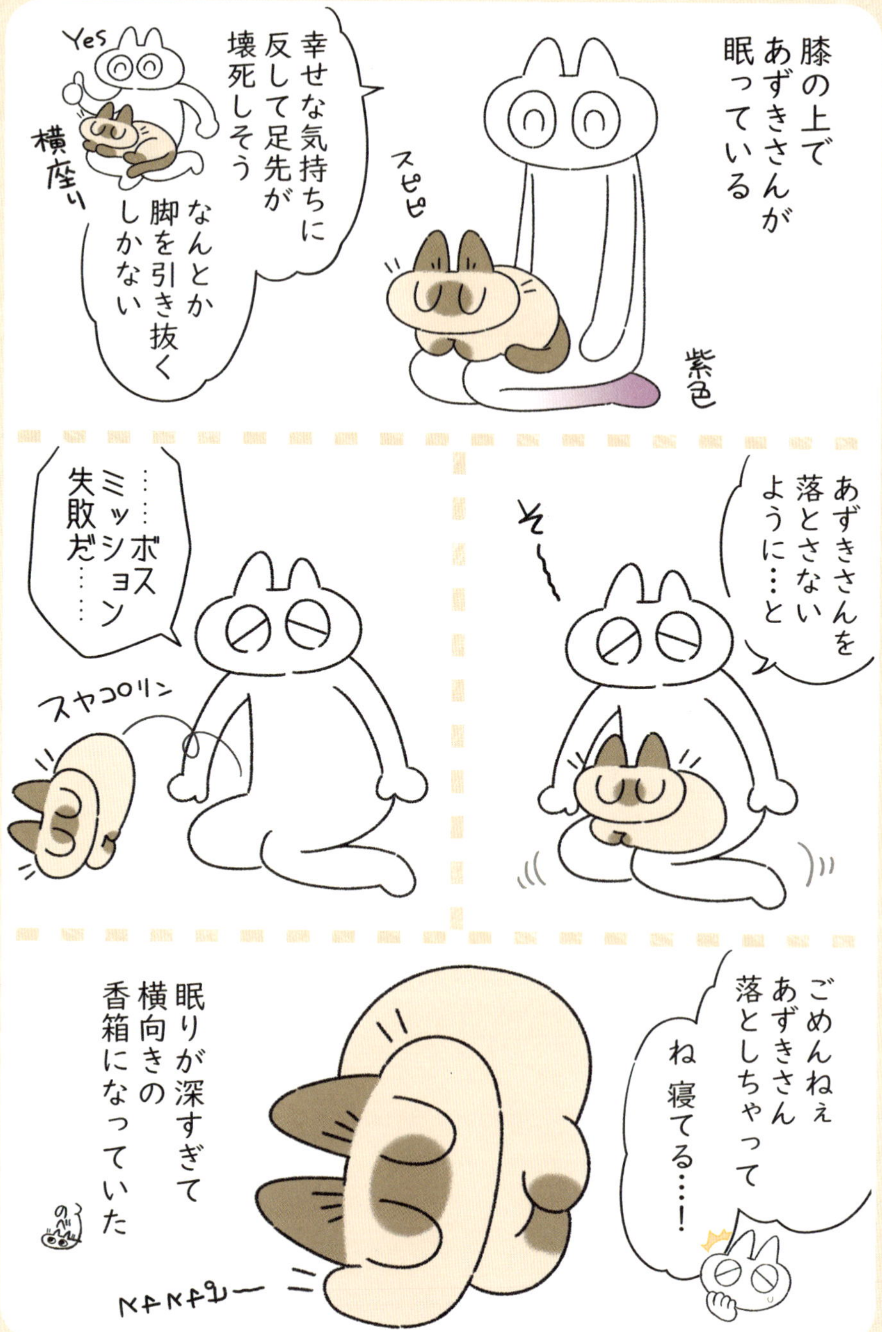
膝の上で
あずきさんが
眠っている
スピピ
紫色
幸せな気持ちに
反して足先が
壊死しそう
なんとか
脚を引き抜く
しかない
Yes
横座り
あずきさんを
落とさない
ように…と
そ〜
……ボス
ミッション
失敗だ……
スヤコロリン
ごめんねぇ
あずきさん
落としちゃって
ね 寝てる…！
眠りが深すぎて
横向きの
香箱になっていた
スヤスヤグー
のべ

スヤコロリン

なんか布団が気持ち悪いことになってる
こっち
GOOD!
BAD…
ふみふみ
寝心地の良い所を探している
これはきもい直したい
あっ
ピョイ
…このまま寝るか~
違和感ある~…
スピ…
布団の位置もタイミングも悪い夜だった

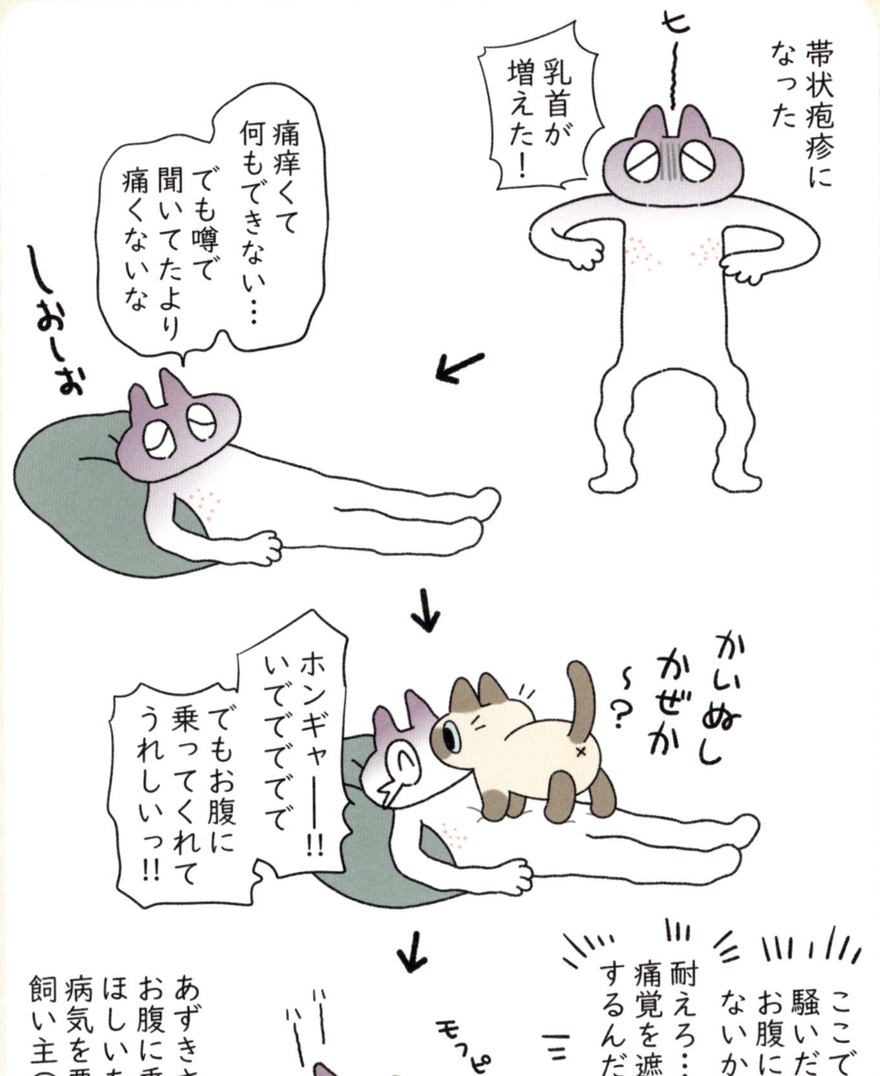

帯状疱疹になった
ヒ〜〜〜
乳首が増えた！
痛痒くて何もできない…
でも噂で聞いてたより痛くないいな
しおしお
ホンギャ——!!いでででで
でもお腹に乗ってくれてうれしいっ!!
かいぬしかぜか〜？
ここで痛い痛いと騒いだら二度とお腹に乗ってくれないかもしれない…
耐えろ…！痛覚を遮断するんだ私…！
モッピ…
あずきさんにお腹に乗り続けてほしいあまり病気を悪化させる飼い主（愚か）

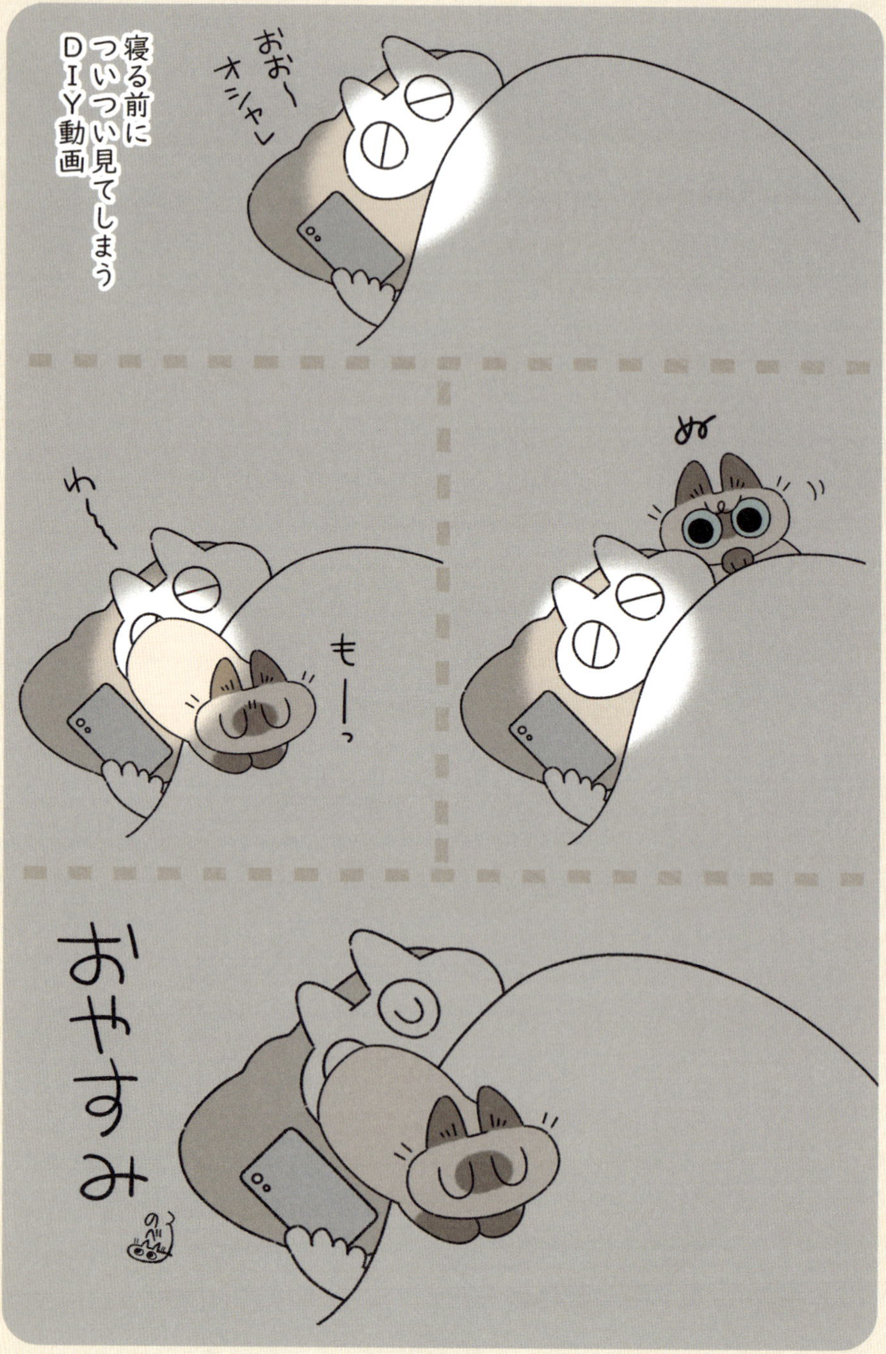
寝る前についつい見てしまうDIY動画
おお〜
オシャレ
ぬ
わ〜
もーっ
おやすみ

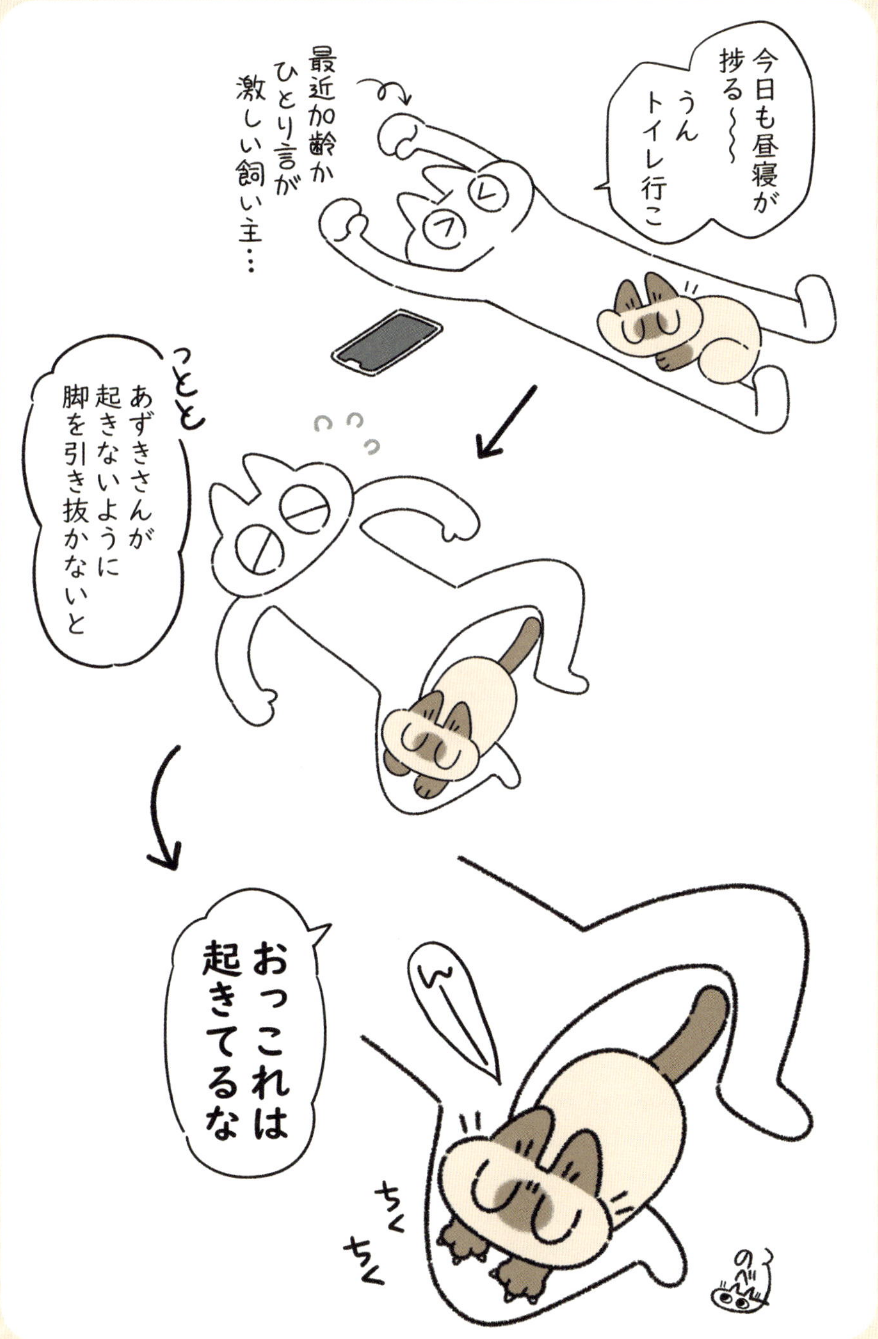
今日も昼寝が捗る〜〜〜 うん トイレ行こ
最近加齢か ひとり言が 激しい飼い主…
っとと
あずきさんが 起きないように 脚を引き抜かないと
おっこれは 起きてるな
ん
ちく ちく

美人すぎる！

エアーフミフミ

あずきさん フォトギャラリー 4

撫でられると…

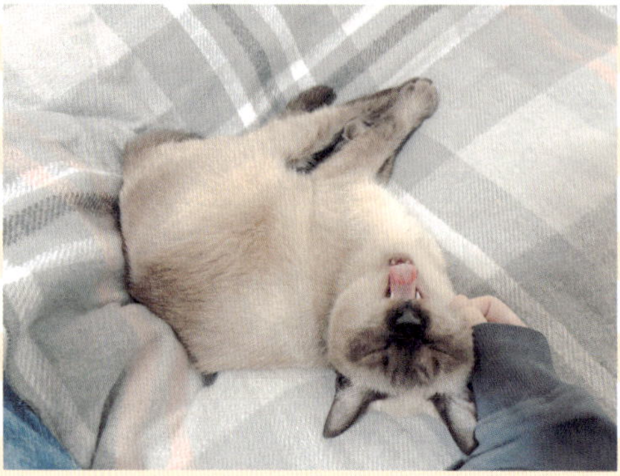

あくび出ちゃう

頬毛ムニ

ブラシも好き

耳ない

轢かれるよ

うっとりしすぎ

目が細い時も
カワイイ

シャム猫あずきさんは世界に羽ばたく⑤

このページでは日本を飛び出して中国で展開された
あずきさんのイラストを紹介していきます。

Illustration gallery in China
By Guangzhou Tianwen Kadokawa
Animation & Comics Co.,Ltd.

AZUKISAN DEEP SEA ADVENTURE

Illustration gallery in China
By Guangzhou Tianwen Kadokawa Animation & Comics Co.,Ltd.

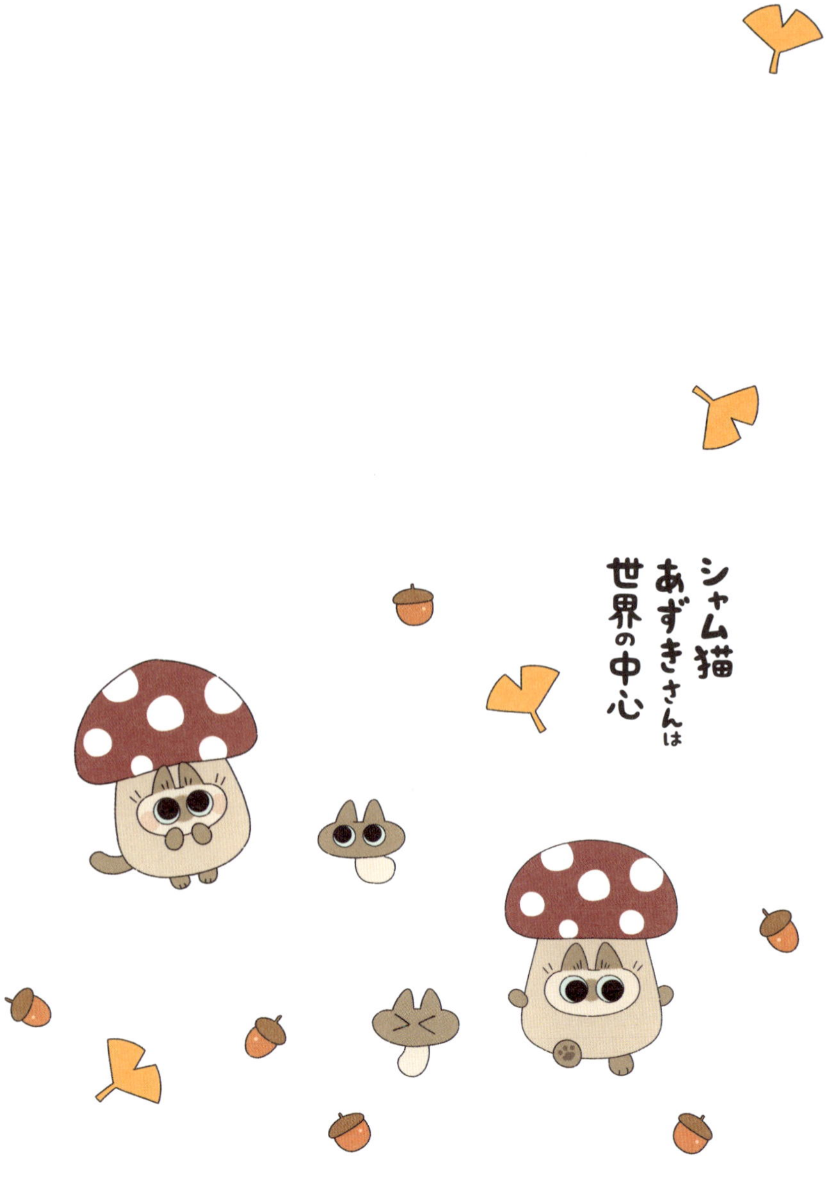
シャム猫
あずきさんは
世界の中心

第5章 季節のあずきさん

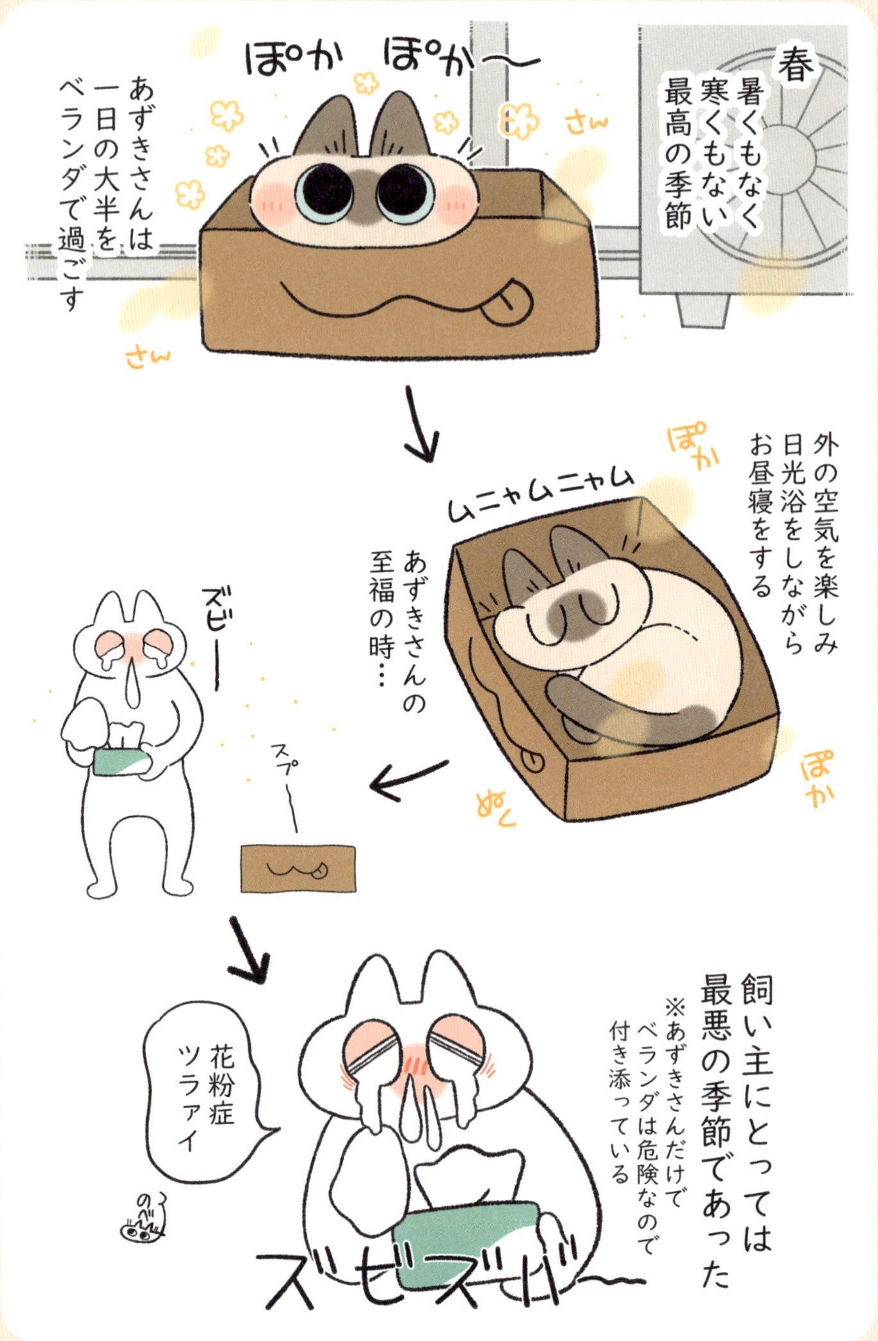
春
暑くもなく寒くもない最高の季節
ぽか　ぽか〜
あずきさんは一日の大半をベランダで過ごす
さ〜
さ〜
外の空気を楽しみ日光浴をしながらお昼寝をする
ムニャムニャ
ぽか
ぽか
ぬく
あずきさんの至福の時…
ズビー
スプ〜
飼い主にとっては最悪の季節であった
※あずきさんだけでベランダは危険なので付き添っている
花粉症ツラァイ
ズビズビ〜

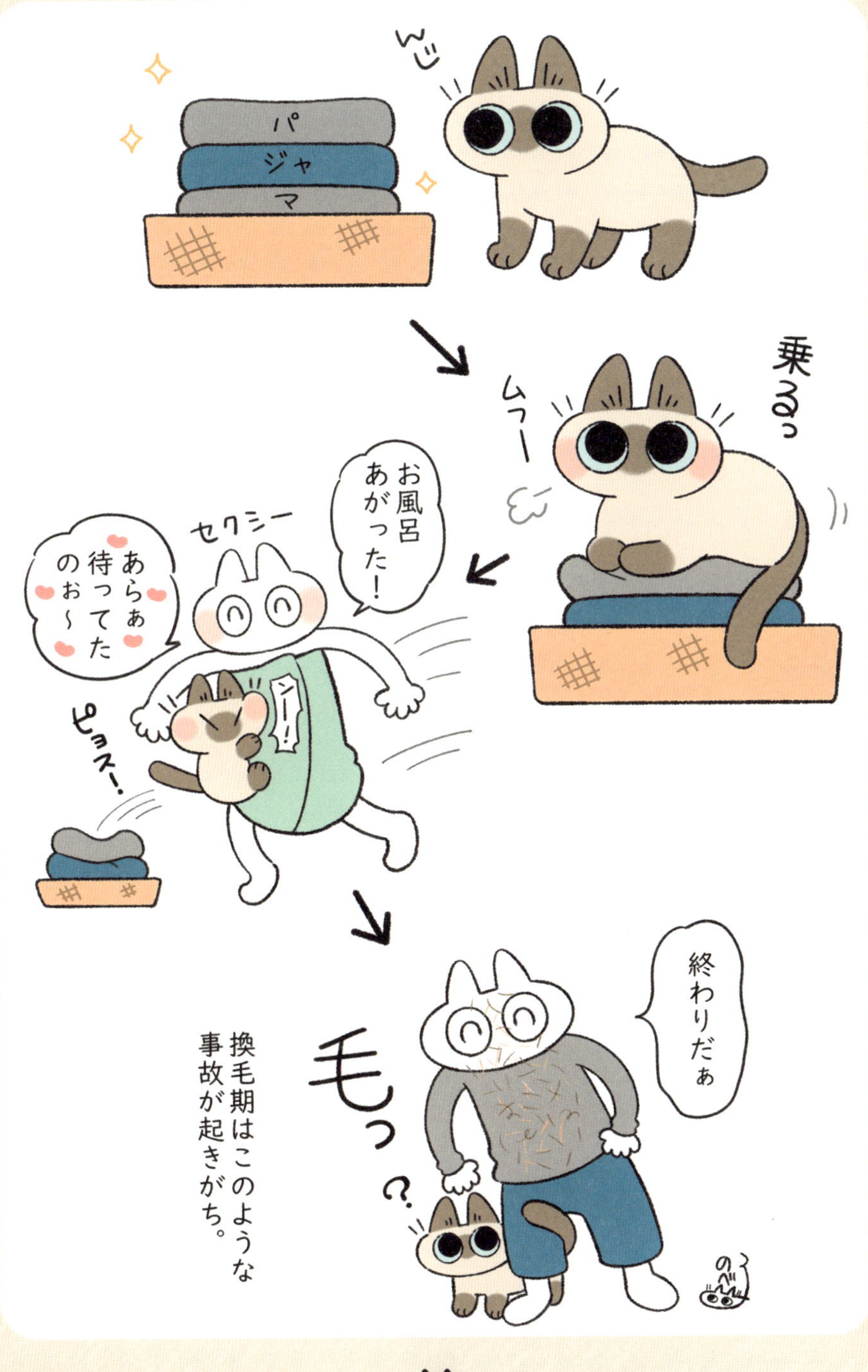
んじ
パジャマ
乗るっ
ムフー
お風呂あがった!
セクシー
あらぁ待ってたのぉ~
シーッ!
ピョスー!
毛っ
終わりだぁ
??
換毛期はこのような事故が起きがち。

あずきさんの寝る位置で
一日の寒暖差の
激しさを感じる春

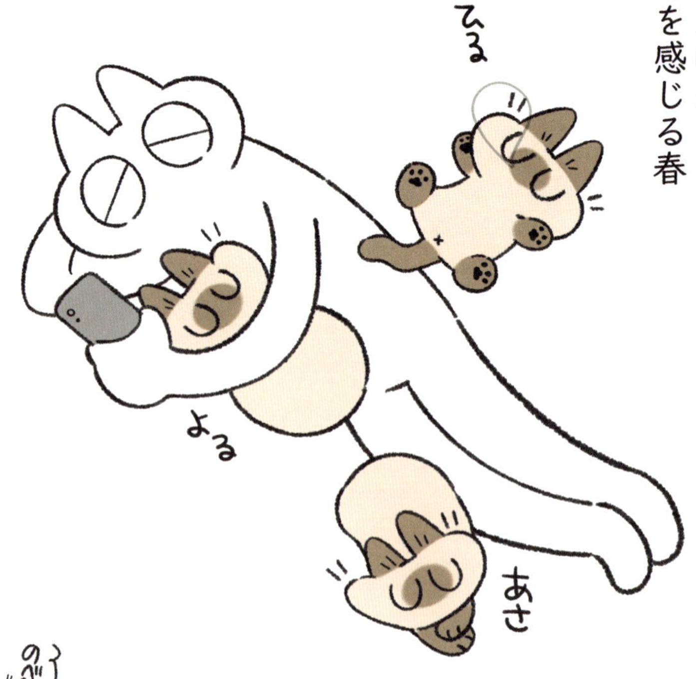

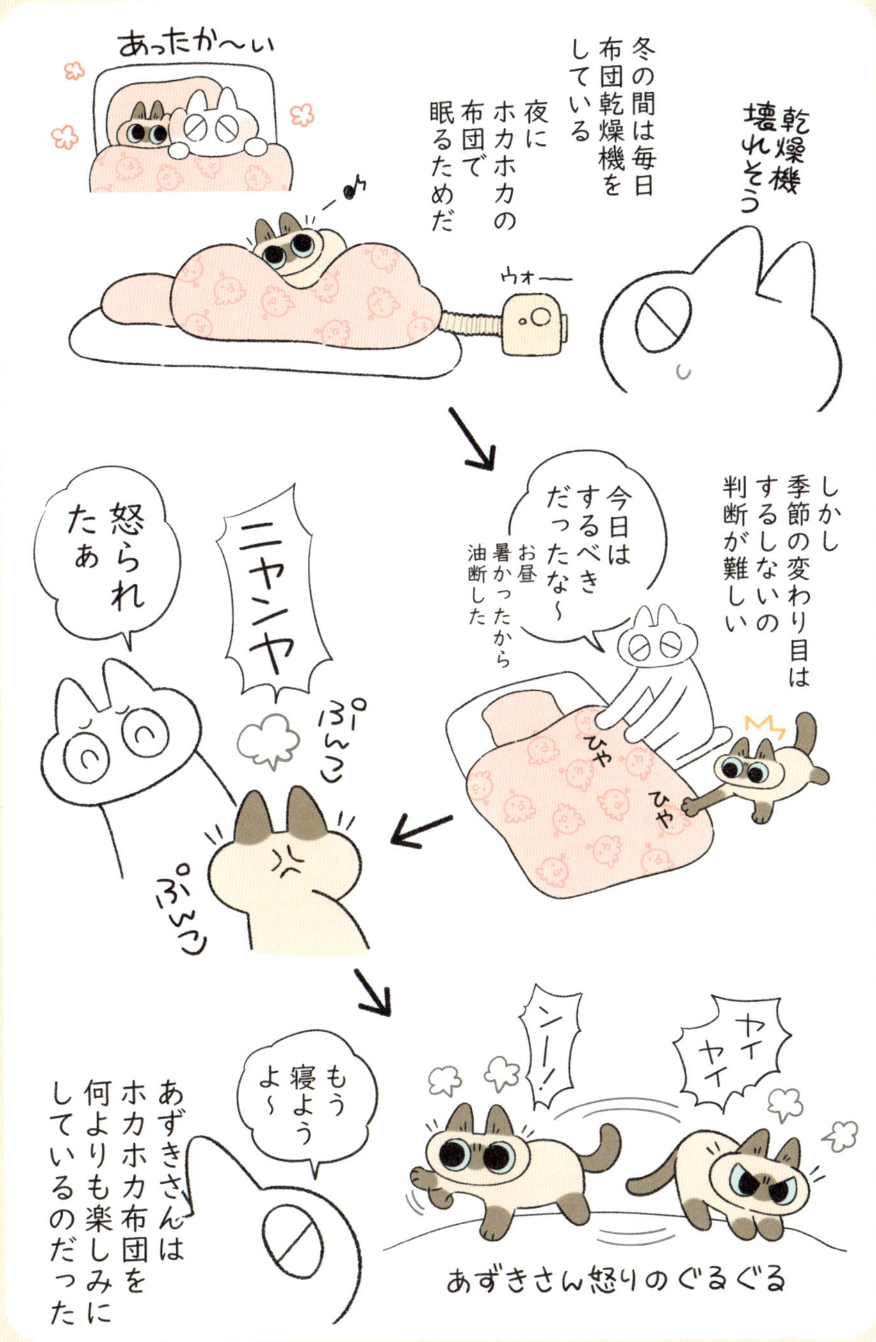
乾燥機壊れそう
冬の間は毎日布団乾燥機をしている
夜にホカホカの布団で眠るためだ
ウォー
あったか〜い
しかし季節の変わり目はするしないの判断が難しい
今日はするべきだったな〜
お昼暑かったから油断した
ひや
ひや
ニャンヤ
ぷんっ
ぷんっ
怒られたぁ
ヤイヤイ
ンー!!
あずきさん怒りのぐるぐる
もう寝ようよ〜
あずきさんはホカホカ布団を何よりも楽しみにしていたのだった

暑くなり
クーラーの前で
昼寝するように
なったあずきさん
すず
やか
さびし〜
去年までは
暑くても
くっつきた
がってたのに…
いや違う
はっ
去年までは
我慢して
飼い主の上に
乗ってくれて
たんだ…！
フミ…
ムシ…
ムシ…
はなれ
なよ〜…
あわわ
うんうん
快適な場所に
いてくれて
えらいね
kiss..
あついねん
けど〜
されなくなって
初めて気づく
あずきさんの優しさ

むにゃ

IRIS OHYAMA
すずしい

その日は記録的熱帯夜であった
ここめっちゃ暑い
ごろ…
うう…暑すぎる
ピト
ごろ…
…
コロ…
ピト
壁
おわり

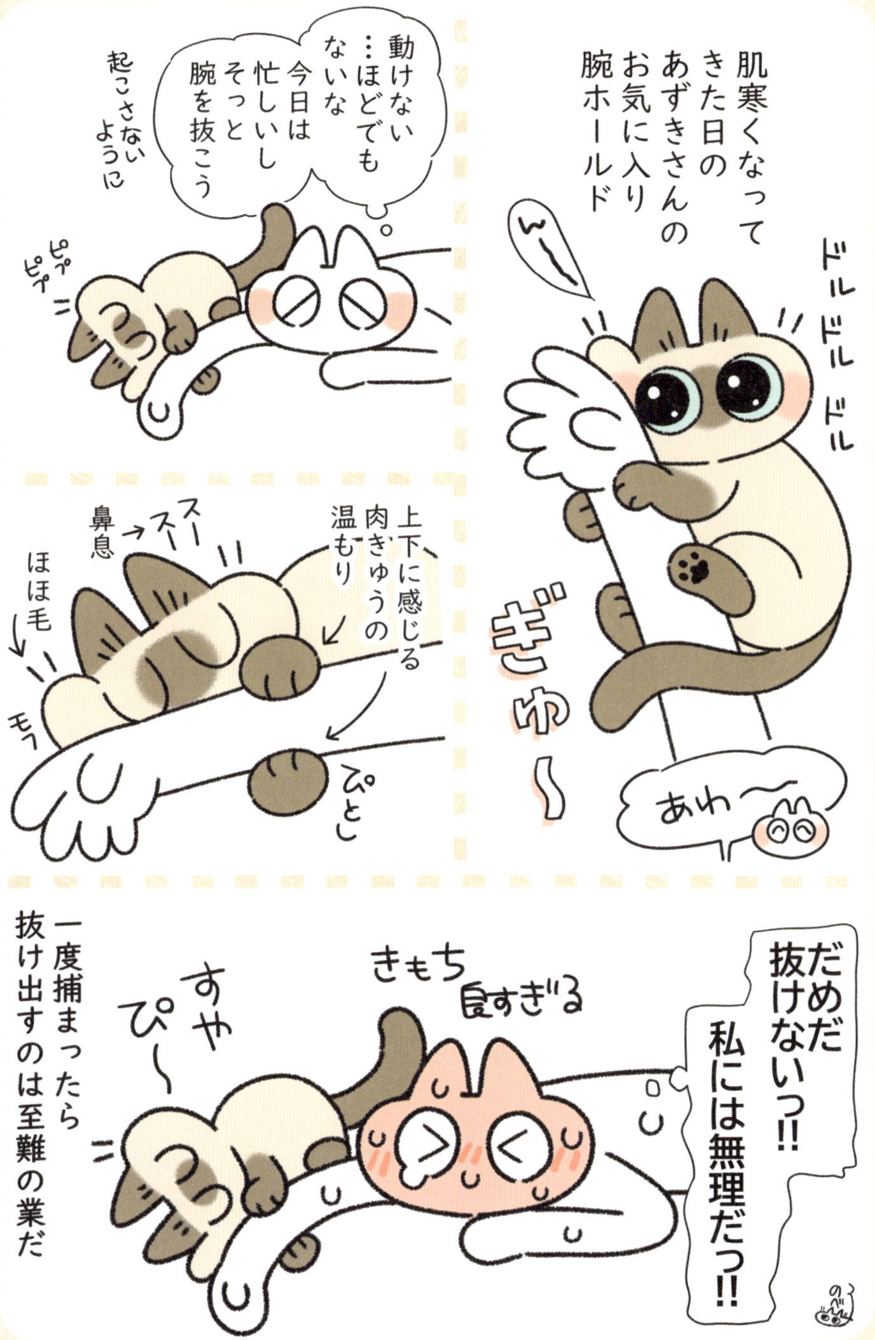
肌寒くなってきた日のあずきさんのお気に入り腕ホールド
ん〜
ドルドルドル
ぎゅ〜
あわ〜
動けない…ほどでもないな今日は忙しいしそっと腕を抜こう
起こさないように
ピァピァ
上下に感じる肉きゅうの温もり
鼻息→スースー
ほほ毛
モフ
ぴとし
だめだ抜けないっ!!私には無理だっ!!
きもち良すぎる
すやぴ〜
一度捕まったら抜け出すのは至難の業だ
のべ

冷えるので
着る毛布を出した
人類の叡智
おっ
あずきさんも
誘われてきた
検品
モミ
フミ
フミ
あったかい空気
全部逃げたわ
ススス

Happy Halloween

動物病院に
薬をもらいに行ったら
ごきげんなハロウィンの
服を着せられた
ワンちゃんがすん…
ってなっていた

検品
フンフン フンフン
ぬく…
しあわせ~
ひとダメクッション
ぬく
電気ひざかけ
冬到来
電気膝掛け
始めました
HAPPY
いれましたので
ココアがあったら
もっとしあわせな
気がする
わがものがお
もう
取られた

冷えがひどいので
フットヒーターを
新しくした
RANK UP
最強になったな
そして今
正座でこの漫画を
描いている
今年もお約束の展開〜〜〜
ぬく
ぬく
ぬく

今年も本格的に冬・到来
股関節の危機
おや…
びよ
たすけて～～～
ヒ～～
スャ
ビョーン
布団の中はまだ暑かった…
のべ

飼い主は床

おまんじゅう

冬はホットカーペットが定位置

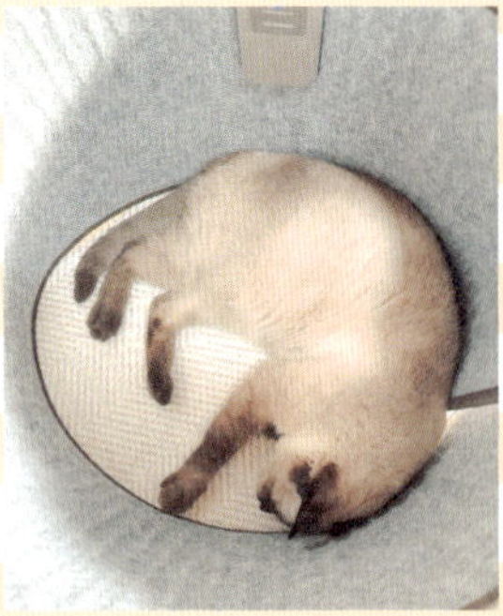

あずきさん フォトギャラリー 5

ぬくぬく

埋まってる

日光浴～

すみっこ好き

気持ちよさそう

ニャー顔

シャム猫あずきさんは世界の中心

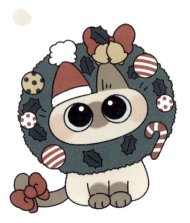

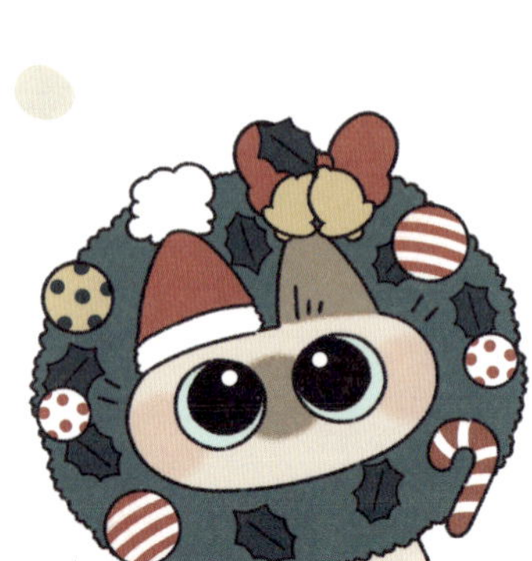

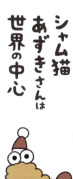

（第6章）のべ子中国サイン会ルポ

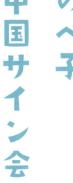

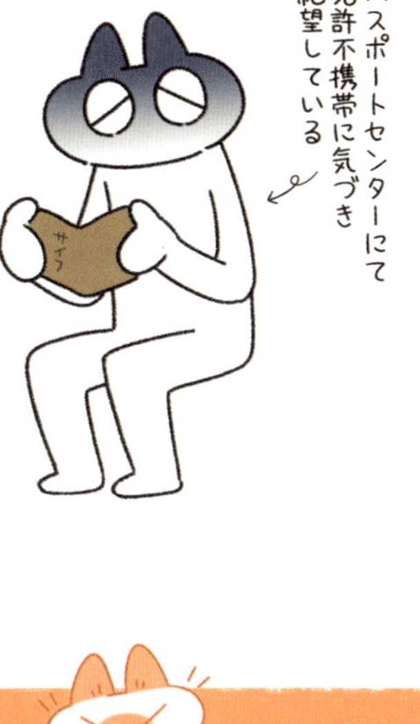
パスポートセンターにて免許不携帯に気づき絶望している
サイフ

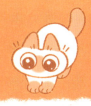

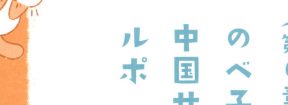

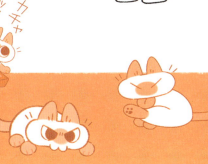

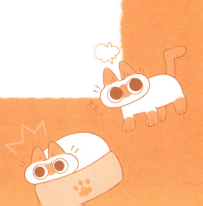

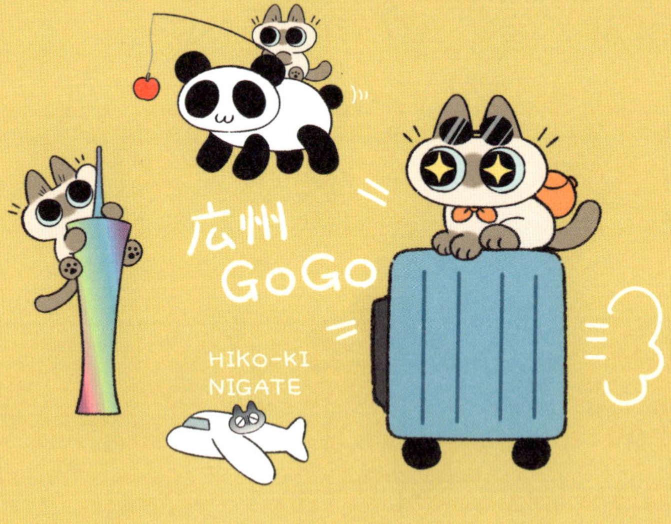
広州
GoGo
HIKo-KI
NIGATE

2024年6月
のべ子はサイン会のため
中国に向かっていた
自分海外10年以上行ってないんですけど担当さんはどうです？
出張よく行くんですか？
税関って厳しいんですかね
担当編集
不安から質問魔人になるのべ子
自分も海外行くの10年以上ぶりですけど必ず中国に連れていきます
なぜだろう不安がぬぐえない…
頼れる仲間たち…！
まぁ大丈夫ですよ
わからないことがあれば弊社の社内チャットで聞けますしね
おお！
頼れる仲間たち……
きゅう
ごーん
あっ今KADOKAWAサーバー攻撃されてて社内チャット使えないんでした
最後にもう一回あずきさんにチューしてくるべきだった…
もしターミナルのトムハンクスみたいになったら…
ぬい
中国の角川と連絡つきました
よかった——
不安いっぱいの旅立ちなのであった
つづく

空港にておのれを知る
まさかの雨
飛行機に揺られること4時間
ひ〜〜〜
めっちゃ遠いやん
乗り物酔い体質
何とか乗り切った…酔い止め2倍飲んどいて正解だったな
あっちかな
※薬は用法用量を守りましょう。
飛行機を降りるとそこは
ぬい
中国であった
ジャーーン
スゲー!
あたり前
カシャー
おのぼりさん

日本語無ッ…
読めーん
なんか書類かくとこ…
空港広っもう帰り道わからん
こちかな
これはぐれたら死ぬな
ピーン
海外って言っても言葉通じないだけって思ってたけどこりゃムリだ…
免税セレブ〜
無力
こういう人って特別なスキルがあるんだな…
そう月に数回出かけることがあるかないかの作者は海外旅行に対しあまりにも無力だった
世界一かわいいねこが家にいるのに何故出かける必要が？
なんかたべてる
天聞角川さんと合流できた時ちょっと泣きそうだった引きこもり作者
〝おでむかえ〟
のべ子様
わーん
無能
これからはもう少し出かけようとコッソリ誓うのだった
つづく

ハードスケジュールとその価値
1日目夕方到着
夜食事会
アニメショップ巡り
2日目
コラボカフェ見学
サイン会2回
夕食会
観光
3日目早朝帰国
今回の中国出張は結構ハードなスケジュールだった
ウケますね
※ウケている場合ではない
※己のせい
というのもあずきさんと暮らし始めて以来のベ子は外泊したことがなく…
ぢゅ〜〜
ゴロリン
ゴロゴ
分離不安とかね〜
家を空けるのが不安だったからである
さぁ飛ばしますよGOGO!
本当にすいません私のせいで…
ここから丸2日あずきさんと会えないのか…
かいぬし
どこ〜〜?
不安でごはん食べなくなったり下痢したりしないだろうか…
終わったら寄り道せず帰るからね許してねあずきさん…!

一方そのころ
あずきさんは
母に甘やかされ
まくっていた
ふんぐるるるる〜
ぱー
よち
よち〜
母
ちゅ〜る
たべるか
ズコーッ
母
あずきちゃん
ごはんもおやつも食べて
うんちもしたよ
今一緒に寝てます
つづく

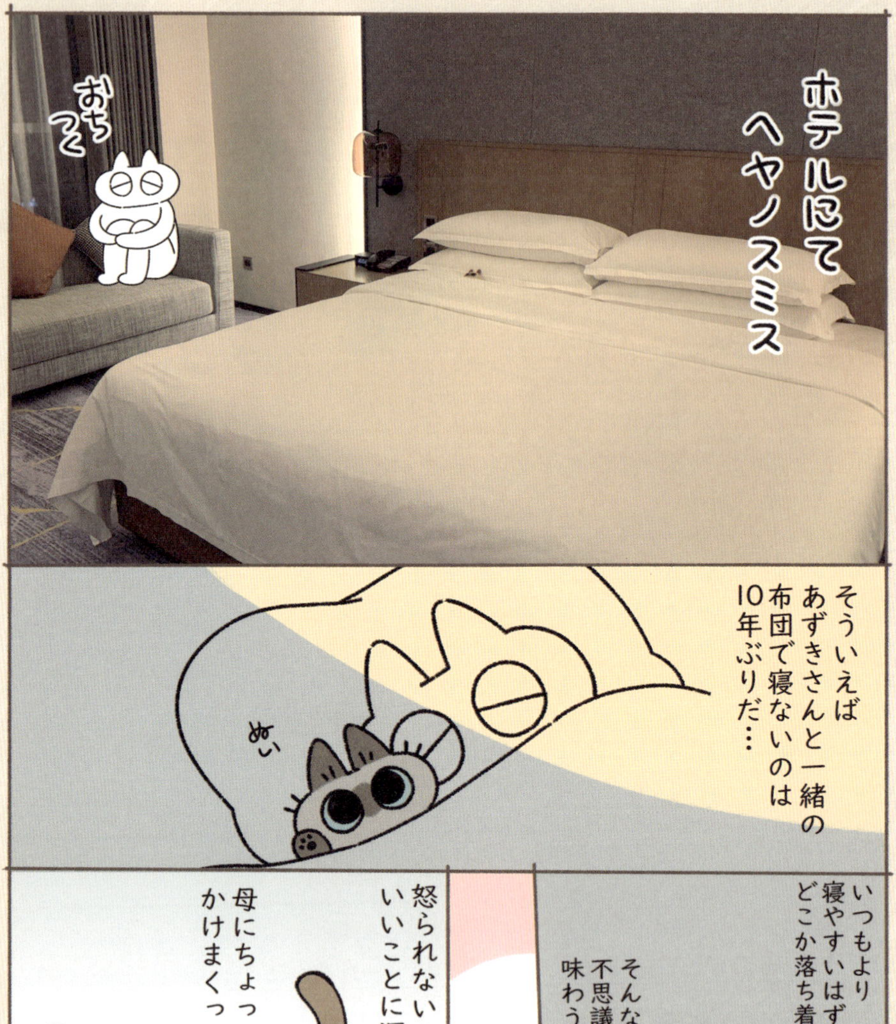
ホテルにて
ヘヤノスミス
おちつく
そういえば
あずきさんと一緒の
布団で寝ないのは
10年ぶりだ…
ぬい
いつもより
寝やすいはずなのに
どこか落ち着かない
スヤミ
そんな
不思議な感覚を
味わうのだった
一方そのころ
あずきさんは
怒られないのを
いいことに深夜
母にちょっかいを
かけまくっていた
ヤ！
母
寝かせて〜〜〜〜？

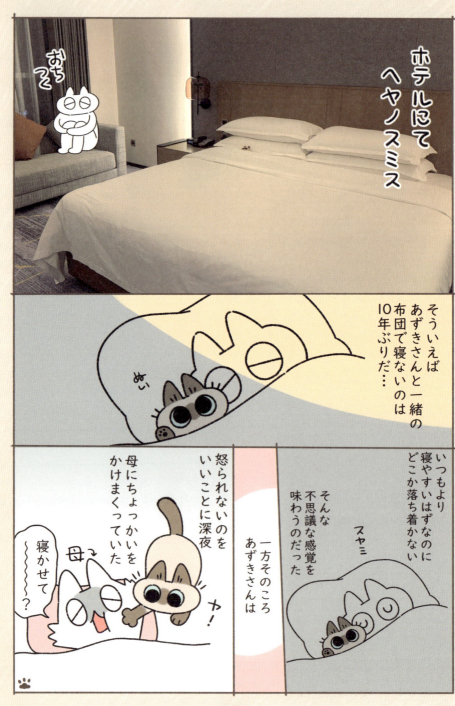

行ったぞコラボカフェ！
感動だー！
要迟到啦
すごいぃ……
じぃぃぃん
もくもく
大人が仕事で懸命にコラボメニューを食べている…
ちょっとオモロ
もくもく
もくもく
もくもく
メニューがたくさんあったのでみんなでがんばっているの図

まだまだ来ますよ~
は~~い
のべ子はがんばらない(えらいため)
お気に入りはパフェ
コラボカフェと言えばパフェなのだ
くおおお!
うれしさをかみしめっ
このかわいさッ素晴らしいッ
全てのメニューと店内の装飾を写真に収めねば!!!
ね~あの人
作者かな~?
はしゃぎすぎて身バレする愚か者
ア…
コマがあまった
プ~
ムッ
つづく

サイン会はじまる…
ガチびびり
サイン会は広州の大型グッズショップTOPTOYさんと方所さんで行われた
方所さんにて
おお
壁
ヨカッター!
にぎわっている!!!!!!
ワイ
ワイ
よかった…来たのが3人だけだったらどうしようかと…
ひとまず安心
だったら呼ばれてません
ええん辛辣ゥ…
ホ
450人来てますがんばりましょうね
Oh…
そして過酷ゥ!!

ヒエ〜〜
えらいこっちゃえらいこっちゃなってしもた〜
さあレッツゴー!(無慈悲)
こうして出た会場には…
すご すご
ハッ
デカい!
おさまりきらない!!
着ぐるみあずきさんもいたのだった
かわいい〜〜〜!!(初見)(感動)(感涙)
先生時間押しますよ〜
そうでした
皆さんこ・ここんにちは〜
↑日本語
大家好〜
つたない中国語→
エヘヘ
アハフィ
普段から人前どころか人とすら話さない人間の挨拶は散々であったが
歓迎ムード
ぱち
ぱちぱち
わ〜〜〜〜!
ぱち
来てくださった方皆優しかったのであった
やさしい

そこからは
怒涛のサインタイム
サインを描きまくった！
列整理
うおおおおお
本開く係
イマジナリーあずきさん（癒し）
誘導
途中
お手紙を
いただいたり
うれしい！
自作の
ぬい服を見せて
もらったり
かわいい！
ファンの方の
猫ちゃんの写真を
いただいたり…
たまらん!!
この
心地よい疲労感…
実際に対面して
かけていただけた
応援の言葉…
たくさんのお手紙
これは…
これは…!!

自己肯定感
メッチャアガる…!
お疲れさまです のべ子先生 皆さんとても 喜ばれてましたね～!
いやぁ それほど でも…
ありますね
シャランラ
調子に乗っている
こうしてのべ子は 人生初の海外での サイン会を終え
元に戻るのかな これ
超天狗に なったのだった

向いてること
向いてないこと
今回の旅は超弾丸ツアーではあったのだが天聞角川様のご厚意により
作者
ちゃっかりおいしいものもいただいちゃうのだった
しかし食べ慣れないものを食べたせいかメッチャ腹を下す
そして広州タワーにも行く
たか〜〜〜…い
はわ〜でっかい
せっかくですし登りますか!?
いえ…高い建物怖いんで
のべ子先生ホント旅行向いてないですね
中国サイン会の旅
完

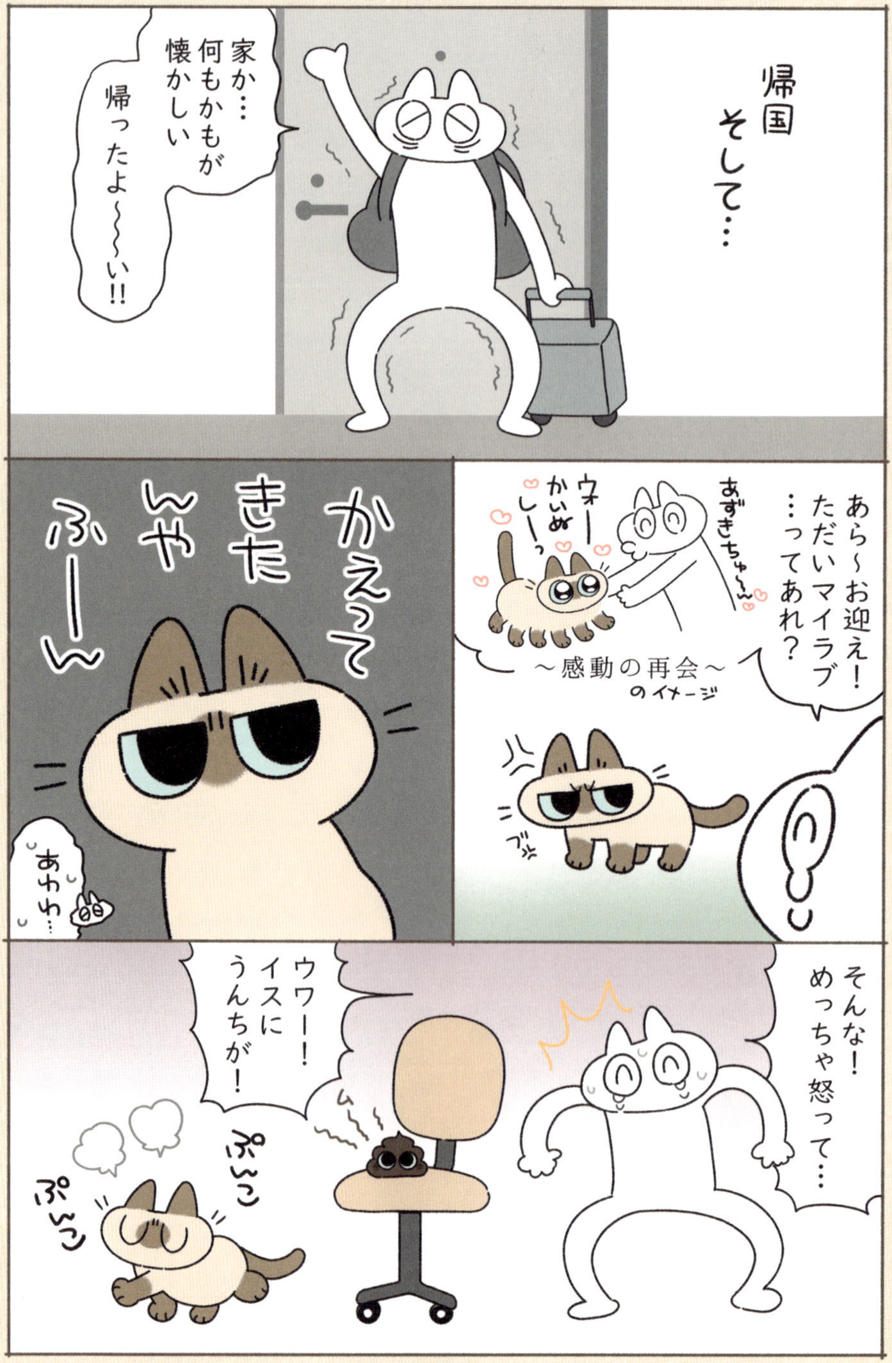
帰国
そして…
家か…
何もかもが
懐かしい
帰ったよ〜〜〜い!!
あら〜お迎え！
ただいマイラブ
…ってあれ？
あずきちゃ〜ん
ウォー
かいぬしーっ
〜感動の再会〜
のイメージ
ブ
かえってきたんやふーーん
あわわ…
そんな！
めっちゃ怒って…
ウワー！
イスに
うんちが！
ム
ぷんこ
ぷんこ

このあずきさんの怒りを鎮めるため飼い主は一週間ごきげんを取り続けたのだった…
おいしいごはんです
新しいおもちゃです
ぴしー
ぴしー
punkopunko END

シャム猫
あずきさんは
世界の中心

STAFF

ブックデザイン
あんバターオフィス

DTP
ビーワークス

校正
齋木恵津子

営業
後藤歩里

編集長
斎数賢一郎

担当編集
森野穣

あとがきマンガ
かきおろし→
今回の出張で思ったのだが…
ヘヤノスミス
キュ
今は重度の引きこもりになってしまった作者だが昔はそうでもなかったのを思い出した
よく旅行にも行ってたし
海じゃー!
ライブ遠征も外泊もしていた
ヒャーッ
ふとんがうすい
ような気がする…が?
気がするが…今はその行きたい気持ちがまったく思い出せない
?
これは…

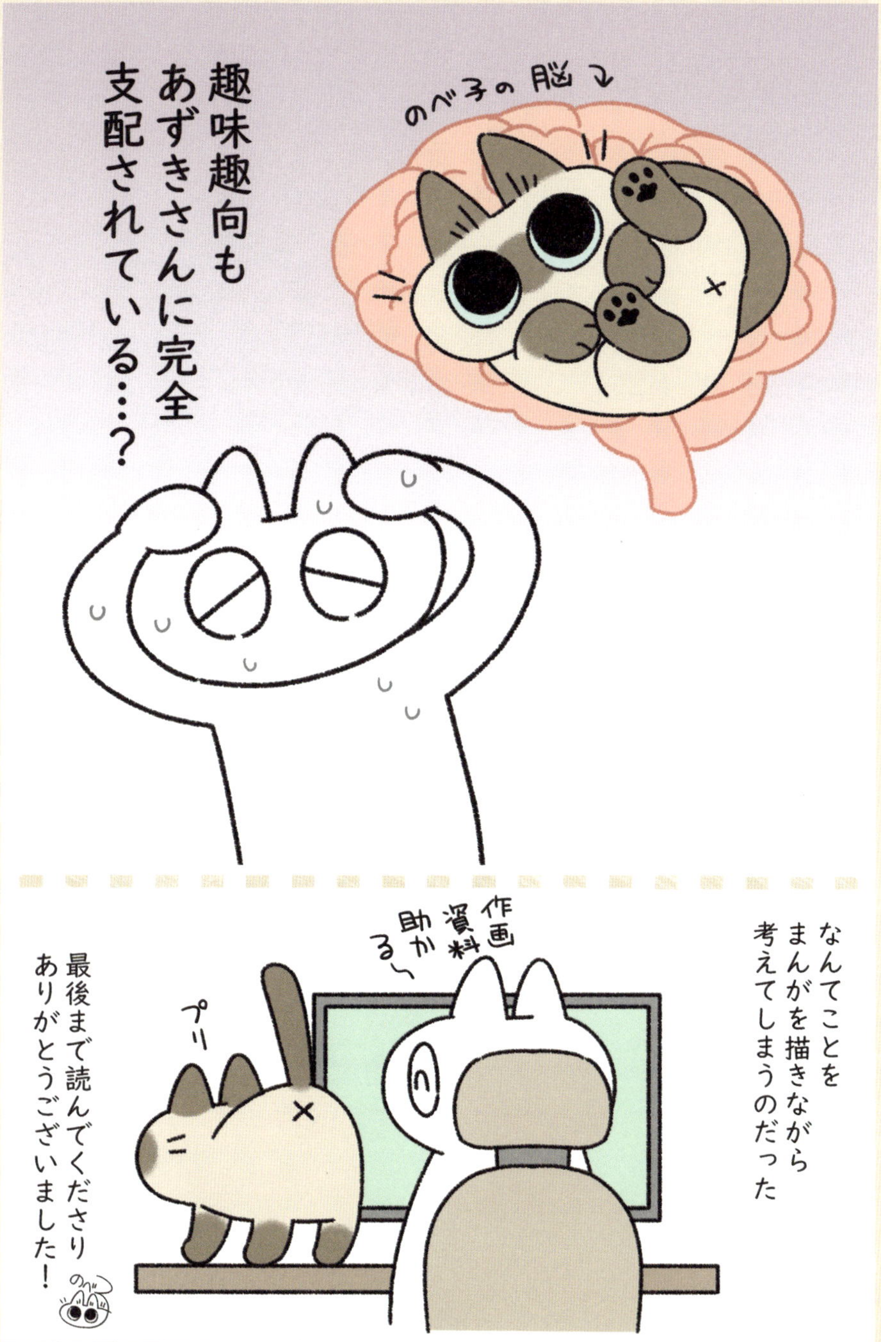
のべ子の脳
趣味趣向もあずきさんに完全支配されている…？
なんてことをまんがを描きながら考えてしまうのだった
作画資料助かる～
プリ
最後まで読んでくださりありがとうございました！
のべ

ますます!!!!!!
シャム猫《ねこ》あずきさんは
世《せ》界《かい》の中《ちゅう》心《しん》

2025年3月31日　初版発行

著者　のべ子《こ》

発行者　山下直久

発行　株式会社 KADOKAWA
〒102-8177　東京都千代田区富士見 2-13-3
電話 0570-002-301（ナビダイヤル）

印刷所　TOPPANクロレ株式会社

●お問い合わせ
https://www.kadokawa.co.jp/（「お問い合わせ」へお進みください）
※内容によっては、お答えできない場合があります。
※サポートは日本国内のみとさせていただきます。
※Japanese text only

定価はカバーに表示してあります。

Printed in Japan
ISBN 978-4-04-684508-5 C0095

KADOKAWAコミックエッセイ編集部の本

シャム猫あずきさんは世界の中心

のべ子

破天荒なたぬシャム猫・あずきさんとの笑える日常を書籍化!
twitterで話題の破天荒なシャム猫のあずきさんとの笑える日常を描き下ろしたっぷりで初書籍化!
おてんばだけどとてもやさしいあずきさんとの予測不能な毎日は驚きと癒しの連続。
約30Pの描き下ろしでは著者とあずきさんとの出会いのエピソードなどを描きます。
あずきさんの写真もたっぷり掲載で猫好きは大満足間違いなしの1冊です。

もっと!! シャム猫あずきさんは世界の中心

のべ子

おてんばで甘え上手なたぬシャム猫・あずきさんが今日もかわいい!!
Webで話題のたぬシャム猫・あずきさんの書籍化第2弾!
相も変わらず我が道を突き進むあずきさんの自由猫っぷりに今回も爆笑必至です。
予測不能でトラブルばかりだけれどそんな愛猫との毎日はとても愛おしい。
描き下ろしとして「引っ越しするあずきさん」を収録。
もちろんオールカラー&厳選写真も多数収録です!

まだまだ!!! シャム猫あずきさんは世界の中心

のべ子

猫は自由でわがままだからこそ愛おしい。
Webで話題のたぬシャム猫・あずきさんの書籍化第3弾!
あずきさんは今日はどんな驚きと癒しと笑いを与えてくれるのだろうか。
「あずきさんが老年期に入って思うこと」などを描き下ろしエピソードとして収録。
あずきさんと出会ってから変わったこと、変わらないことはなんだろう。
もちろんあずきさん厳選写真もたっぷりです!

KADOKAWAコミックエッセイ編集部の本

とっても!!!! シャム猫あずきさんは世界の中心

のべ子

猫とともに暮らし、ともに年をとる。それが幸せ。
Webで話題のたぬシャム猫・あずきさんの書籍化第4弾!
あずきさんは今日はどんな驚きと癒しと笑いを与えてくれるのだろうか。
今回は年齢を重ね、
健康面に気を遣うようになってきたあずきさんの日常に迫ります。
もちろんあずきさん厳選写真と描き下ろし漫画もたっぷり収録!

やっぱり!!!!! シャム猫あずきさんは世界の中心

のべ子

世界を股にかけるあずきさん!
シニア期に入っても相変わらず甘えん坊なあずきさん。ダイエットなど少しずつ体調に気をつけながら癒しの日々を送っています。そんなあずきさんの魅力は日本を超えて世界まで広がり、特に中国では大人気キャラクターとなりました。5巻では中国オリジナルで展開したあずきさんのイラストを特別収録! いつもと違うあずきさんの魅力をたっぷり堪能できます。

夜は猫といっしょ 7

キュルZ

のびのび生きる君が好き――
フータ兄妹とキュルガの、癒しと驚きに満ちた日々。
「キュルガとセンパイ初対面」など描き下ろし30ページ以上収録。
シリーズ累計75万部突破!猫の不思議な生態を確かな筆致で描く
大人気猫マンガ第7弾。
アニメseason3 YouTubeにて配信中!